珠璣小館飲食文集

佳廚名食

江獻珠　陳天機　合著

萬里機構・飲食天地出版社出版

珠璣小館飲食文集
佳廚名食

著者
江獻珠、陳天機

叢書策劃
石健

編輯
劉瑩

版面設計
歐陽應霽

出版者
萬里機構‧飲食天地出版社
香港鰂魚涌英皇道1065號東達中心1305室
電話：2564 7511　　傳真：2565 5539
網址：http://www.wanlibk.com

發行者
香港聯合書刊物流有限公司
香港新界大埔汀麗路36號中華商務印刷大廈3字樓
電話：2150 2100　　傳真：2407 3062
電郵：info@suplogistics.com.hk

承印者
中華商務彩色印刷有限公司

出版日期
二〇〇五年七月第一次印刷

鳴
謝

梁玳寧女士賜序
歐陽應霽先生設計
梁贊坤攝影
朱楚真校對
香港中文大學聯合書院天機電算室整理過時電腦資料
萬里機構同人的協力與
許許多多朋友的鼓勵和支持

前言

珠璣小館主人江獻珠女士將多年前在《飲食世界》及《飲食天地》月刊刊登的稿件經重新修訂,並增補許多新的內容後結集成書,交由萬里機構出版,囑我代為寫序,讓我的心情好不複雜。

一方面,我感到義不容辭,與有榮焉,另方面,我感到戰戰兢兢,壓力重大。

義不容辭,是因為與江獻珠女士相交二十多年,她當時刊登在《飲食世界》的稿,是由我以主編的身份約撰的;與有榮焉,是能夠在這套傳世之作佔一個小小席位,確是我的幸運與光榮。

為什麼會戰戰兢兢?因為江獻珠女士字字珠璣,小女子的文筆猶似野人獻曝,唯有以誠補拙吧!

當年《飲食世界》月刊着實為本地讀者發掘到幾位人物,如海鮮專家「漁客」先生,如國際電視烹飪明星甄文達先生(Mr. Martin Yan)......,江獻珠女士是其中一位。當時大概是一九七八年吧,小女子如初生之犢,胸口掛個勇字便策劃第一屆職業廚師烹飪大賽,在熱鬧而忙亂的會場出現了一位雍容大方,貴氣中又流露着書卷氣的美麗女士,原來是剛自美國返港定居的陳天機夫人江獻珠女士,一位烹飪專家觀賽來了。

由於我們有一位共同朋友——以「特級校對」為筆名,香港的食經鼻祖陳夢因先生,又有共同嗜好,所以一見投緣。知她見識廣博,家學淵源,豈能放過,所以專誠約稿。當然,我更看準了她對廚藝和美食的熱誠,才敢開口,不然,那份聊表心意的稿費,豈能請得動她那種殿堂級數的人物?

江獻珠女士的稿來了,我們全體同事爭相傳閱,嘆為觀止!非僅內涵豐富,文采出色,那手蠅頭小楷,更是娟秀端整,篇篇皆勝貼堂文章。

她對烹飪的態度視同學問研究，一絲不苟，盡意盡心，那份精神至今未曾稍變，亦因此她的作品能別樹一幟，經得起時代洪流，可以有存閱價值。

　　悄悄告訴讀者，江獻珠女士之成功，她的夫婿陳天機教授功不可沒。這位電腦學專家，前中文大學聯合書院院長從來對夫人的愛好十分支持，由她烹魚翅他摘銀芽；到執她之手訪遍歐美名廚食府......，都可記一功。

　　放眼世界，所以江獻珠女士筆下的題材非一般作者可比，若不是她圖文並茂的介紹，不少人還以為竹笙是竹樹的內膜，而不是一種菇菌，可能錯到今天呢！

　　對於美食的愛好者和烹飪的研究者，這套「珠璣小館飲食文集」就應該像辭典一樣，是你必藏之書。其中不乏饒有趣味的環節，更是辭典所無的收穫了。

　　祝願陳天機教授、江獻珠女士和普天下的美食愛好者，飲和食德，健康愉快！

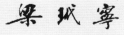

2005年6月

梁玳寧女士：美食及食療作者，曾獲世界傑出青年獎（1984）、
　　　　　　法國路易士美食家獎（1979）及香港市政總署委任為「食物衛生大使」。
　　　　　　現為香港旅遊發展局「美食之最大賞」顧問，
　　　　　　香港中廚師協會及澳門中廚協會名譽顧問。

序

二十七年的飲食閱歷

一九七八年夏，我隨外子從美國回港公幹，值《飲食世界》雜誌籌組的「香港第一屆美食大賽」正要舉行，為了索取入場券，認識了雜誌的主編梁玳寧女士。蒙她一力約稿，回美後便開始作初次嘗試。我那時只是個教中菜的老師，從來沒有寫飲食文章的經驗，起初很是膽怯，後來獲前輩特級校對陳夢因先生的鼓勵，他也開了一個專欄，每月陪我一起寫。外子陳天機偶然也來湊興，於是便有「珠璣小館飲食隨筆」一欄的誕生。

外子生在職業人家，缺乏家庭飲食薰陶，而且老早便留學就業於美國，中菜的飲啖經驗極其有限。幸而他讀好了書，入了當時最吃香的電腦公司作研究，常到外國公幹或講學，接觸了很多不同的飲食文化，品嘗了不同民族的食製。而他是個如假包換的書獃子，見書便讀，這麼一來，既閱且歷，自有他對飲食的見解。在飲食酬酢的場合，每有人稱他做「江先生」，他亦不以為忤。七九年他開始回香港教書，每年夏天回美歇暑，對中西飲食文化的差異，別有一番體會。

「珠璣小館」也者，江獻珠、陳天機的小廚房是也。我們取了兩人名字的最後一字作館名，本應為「珠機」，但我們的祖先都是在南宋時從粵北南雄珠璣巷避難散居廣東沿岸的難民，選了「珠璣」為名，略可代表我們廣東人的身分。

從我在《飲食世界》的第一篇文章算起，到一九九八年停刊，至最近完成結集成冊時的最後修訂，足足有二十七年。除了一段時期斷斷續續供稿，整體來說，每月寫一篇約四千字的飲食文章成了一個好的習慣，使我不能不留心一切與飲食有關的事情。在過去漫長的日子，由於不停的閱讀和親身的經歷，塑造了現在的我。

細讀過去近三十年寫下來的東西，內容極其蕪雜，我已刪去一些不合時的文章，收入在這文集內的，則分成：「佳廚名食」、「造物妙諦」、「我食我思」、「飲食健康」和「遊食四方」五大部分，大多數是按時序編排，顯示事情發生的先後。有些文章附有後記，算是總結這些年來的變遷，尤其在飲食健康方面，可以見到在研究上和觀念上有顯著的變化。外子的文章則分登在第一第二兩部。

此外我在另一本雜誌—《飲食天地》也有專欄，其中有一系列「蘭齋舊事」的文章，描述我兒時在江家的飲食經驗，結果催生了話劇和電影「南海十三郎」和我後來寫的《蘭齋舊事與南海十三郎》一書。

不敢說這是我們的飲食傳記，但肯定代表我們飲食生涯的數十年閱歷，從陸續記下的零碎事蹟，讀者也許可以看到食壇的走向罷！

江獻珠誌
二零零五年七月

目錄

*作者為陳天機

肉波斯詠兔宜兔血注補傷兵波斯禪至辰吾多衛品近日軍食缺陵乃號于場車

客芥蘭肥過柘津塘薑筍大于茄枯　河

禪炙遊牛以炙臘味香聞鴨尾蚆岐

澳烹涎黃軸蟹楛湯不豝山花蛇萵

儂米賣糖蓮賣薯仔茸充素豆沙乎

地芋頭挑炭歩朹江火髓勘金事攬

茶　糖人以茶為小女美　祿認十七女號美也

壬甲申作　今忝生辰

仁賴軟爸中喫清早茶桯　床荷儿也　遮阿

嗣宗賀婿自香江來蕭齋一住十二

天芥多十六女候趌錦姍子頌芳

巨港耆郊丞春与之

丁亥十月八十三老人書

太史府第菜譜
的故事

生趣素食

乎樂去炙呈飯蔬餘生毋愛守佳餚
奔風寵媾移燕蒜鎺地圍下貢芋諸
家祭不爲庖乎肉家來渴羨食去魚
偶同臺閣論去法墨寫光方也烹豬
行遠八悵慨送周末此穀殘嘆未油
爲風王降詩亡懼去國伶倫樂壞夏

座客

西相印熱金鑠之東王泥謝竹蜀之
三都未硅違刊集紙貴夢前已廢歇
翌日開革正立冬爲錢秋食單示

供家齋盤閣淡芭散人久已謝煙壺
合時南食王爲墹過桌西餐花呈塔

為甚麼沒有太史食譜？

(原文寫於2003年)

江太史

　　有幾位專欄作家讀了拙作《蘭齋舊事》內提及的太史家饌，都說希望我能把食譜寫出來，好讓有興趣的能按譜來燒菜。很抱歉，太史菜的做法，流傳下來的並不多，原因是上一輩的不入廚，而且早已去世，我們這一代，為了果腹，煮家常的飯菜，大家都有一手，但沒有幾個對烹調有研究。肯撒下生計去燒飯的，絕無僅有，只有我是一手拿鏟，一手握管以教烹飪和寫食譜為專業。但我所知太史菜不多，就是那麼幾款家常菜式，已收入另一套食譜《粵菜文化溯源系列》內，不想再重複印出。真正從我家廚房出身的廚子，亦已先後去世，所授徒弟得了真傳卻敝帚自珍，不肯把師傅公之於世。我雖有心而無力，看來所謂太史菜，到現存聲稱的一、兩位傳人告老退休時，一定失傳無疑，江家子弟無可奈何！

　　記得先祖父生平百吃不厭的家常菜有大鳥鹹魚蒸肉餅，菠菜茸，特軟鹹水粽，珧柱鯪魚蘿蔔糕，乳酪蟹肉焗通心粉，免治牛肉，生炒糯米飯等等，除了菠菜茸和鹹水粽的食譜分別在不同的著作上出現，其他都沒有成譜，現補登於後。

珧柱鯪魚蘿蔔糕

　　蒸蘿蔔糕加珧柱，舊時大戶家家都會做，順德人還會加鯪魚肉，那有甚麼稀奇！祖父的蘿蔔糕所以與別不同，只因他全口裝上假牙，咀嚼不便，臘腸蝦米芝麻等硬粒往往藏在牙縫內，統統不用。其實珧柱絲也不是一樣嗎？但祖父的方子是先把珧柱加上湯蒸至完全出味，只留汁而棄珧柱，鯪魚煎香煮成濃湯，連珧柱汁一起拌入蘿蔔粉漿內，蒸好後顏色赤白，軟而不結，清鮮香滑，入口溶化，風味獨特。做這種糕不難，難在煎，因糕身較一般蘿蔔糕為軟，雖然擱冷 (以前家中沒有冰箱)後變硬，煎了一面翻過來便有問題，要非常小心方能保持塊狀，否則變了粉糊一堆，中吃不中看了。

　　好端端的把蒸好珧柱棄去，豈不是暴殄天物？不管祖父的是甚麼秘方，我決定保留珧柱，將它切細，臘腸有香味，加些冬菇也無妨，但因有了珧柱和鯪魚佐味，加蝦米顯見多餘。下面的作料以鯪魚珧柱為主，其他的作料隨人喜好加入，適量便可，反正現代牙齒科技進步，甚少全裝假牙的人，我們不必在用料方面特別加以照顧。這個食譜只是我個人用的，像祖父喜歡的那種糕，想甚少人會試做。要做亦不難，減去了冬菇臘腸，純用魚湯及珧柱汁，連糕面上的芝麻也不用，真可稱得上是如假包換的「保齒糕」了。家中有老人家的，做一盤去表示你的孝心吧！

白蘿蔔

作料：

白蘿蔔2200克 (約5磅)
珧柱6大粒 (或55克)
鯪魚1條約225克 (8安士)
油1湯匙
水1½杯
冬菇 (中) 8隻 (隨意)
臘腸2條 (隨意)
粘米粉340克 (12安士)
澄麵或粟粉115克 (4安士)
芫荽及葱各1棵，切碎
紅棗1粒及炒香芝麻少許 (隨意)

蒸珧柱料：
上湯1杯
紹酒1湯匙
薑2片
糖½茶匙

調味料：
鹽1湯匙
胡椒粉½茶匙
油4湯匙
糖1茶匙

17

準備：

1. 珧柱置小碗內，加水浸過面至軟，下酒、薑、糖同蒸1小時，橫切成小粒，留用。

2. 冬菇洗淨，加水½杯浸軟，去蒂，切小粒，臘腸亦切同一大小。

3. 鯪魚洗淨，去鱗及腸臟，拭乾後以油煎香兩面，加水中火煮約20分鐘或至收汁為1杯便可。小心隔出魚骨，魚肉不用。

4. 蘿蔔去皮，刨成細絲。粘米粉及澄麵 (或粟粉) 同篩在大碗內。

5. 置鑊於中大火上，下臘腸粒，炒至有油溢出，加入冬菇粒同炒勻，鏟出留用。

6. 深鍋加入蘿蔔絲、珧柱汁、鯪魚汁，加蓋大火煮25至30分鐘或至蘿蔔身軟而透明。

7. 拌入調味料及臘腸、冬菇、珧柱及鯪魚肉，逐少加入乾粉，邊加邊鏟煮至糕糊稠結而有勁，鏟出至已塗油之糕盤上，直徑約為23至25厘米 (9至10英寸)。

做法：

1. 蒸籠底鍋盛水大半滿，大火燒開，置整盤糕在蒸籠內，加蓋，先蒸20分鐘，改為中大火，共蒸1小時15分。試用竹籤插入糕內，抽出時如無粉漿黏着便熟，否則多蒸15-20分鐘至全熟為止。注意要時加沸水入底鍋以免燒乾。

2. 移糕出籠，中央放入一粒紅棗，糕面先灑下炒香芝麻，稍涼時再撒下葱花作裝飾，俟涼後轉盛至大碟上，食時切塊煎香供食。

大烏鹹魚蒸肉餅

鹹魚蒸肉餅是普通不過的家常菜,若要做得好,不見得容易。本來其他的鹹魚如黃花、鱠白、馬友、紅魚都可以用來蒸肉餅,只因祖父特別喜歡大烏鹹魚,而且每餐必備一小碟蒸肉餅,他自己吃的不多,一定分派給同桌的家人。大烏鹹魚是從西環鹹魚欄整條買回來,清理後以糖藏之,盛在玻璃瓶內,魚頭用以燒豆腐湯,魚腩和魚骨燜豬肉之香濃,現在想起來也覺滋味無窮。可惜現代人懼怕食了鹹魚會致癌,也不想吃肥肉,如果照往日的做法,肥肉起碼要佔⅓,肉餅用了鹹魚和肥肉這兩種禁忌品,就算如何美味亦難得有人敢去嘗試。何況要找一塊大烏鹹魚也不容易,真有今非昔比之嘆!

鹹魚

蒸肉餅有竅門,不宜用機攪肉碎,不特質感欠佳,而且肥肉遇熱會瀉油,肉餅變乾,最好是用半肥瘦豬肉,肥瘦分開,肥肉切小粒,不要剁,瘦肉先切幼條,再切小丁。鹹魚則要去骨去皮,切成小粒約白豆大。其餘步驟可依下譜:

作料:

半肥瘦豬鬆肉(廣東稱枚頭
肉)225克(8安士)
水1湯匙
生抽2茶匙
鹽少許
鹹魚50克(約2安士)
薑3片切細絲

調味料:
紹酒1茶匙
糖½茶匙
油、麻油各1茶匙
胡椒粉少許
生粉2茶匙

做法:

1. 從整塊豬肉將肥肉切出,瘦肉與肥肉之比例最好不超過
   3:1,多餘肥肉不要。瘦肉先切小丁,粗剁數下。肥肉
   切成0.3厘米丁方小粒。

2. 鹹魚去皮出骨,切小粒如白豆大。

3. 放瘦肉於大碗內,加入水、生抽、鹽,循一方向以筷箸
   攪拌至液體吃進肉內,再加入其餘調味料一同攪拌均
   勻。用手抓起豬肉,撻回碗內,再抓起,又撻回碗內,

如是者至豬肉上勁。

4. 最後方加進肥肉粒及鹹魚肉粒，拌勻後可將肉餅料放入
深碟內，撥平表面，撒薑絲在面上。

5. 置肉餅於蒸籠內，大火蒸10分鐘便可供食。

免治牛肉

　　先祖父的免治牛肉，也與他假牙有關。上世紀二十年代的牛肉，實是德高望重，既老且韌，不堪入口。若照足西廚的做法只是一堆薯茸上，鋪滿洋蔥炒牛肉碎就是了，但祖父每食必精，他要廚子先用奶油和牛奶、胡椒、鹽拌好薯茸，盛在一隻西式的湯碟內，築成一條堤壩，用以圍碟邊，薯茸還要整形，修成圖案。中央的不只是牛肉碎，而是加了切碎雞肝，炒好用蠔油調芡，上桌時用餐匙從邊向中取食，有薯茸有肉碎，既中亦西，不中亦不西。那時沒有甚麼「融會食製」，否則祖父定會當上了「鼻祖」無疑。

　　名重一時的羊城首席食家，怎麼會喜愛這種不中不西的菜式？讀者有所不知，先祖父曾當英美煙草公司南中國總代理有年，也曾賺過不少錢，交遊廣闊，慷慨好客，與外國人打交道，家中豈能沒有西廚，所以我們很早便吃到西菜或中西合璧的家常菜。下面的食譜全仗記憶，若怕雞肝的膽固醇，不用好了。

作料：

馬鈴薯340克
牛奶½杯
牛油2湯匙
鹽¼茶匙
白胡椒粉⅛茶匙
糖少許
牛柳肉150克 (約5安士多)
雞肝2副
油2茶匙
乾蔥茸1湯匙
蒜茸1茶匙
紹酒1茶匙

調味料：
生抽、老抽、紹酒各1茶匙
糖¼茶匙
胡椒粉少許
生粉、麻油各½茶匙
油1湯匙

芡汁料：
上湯½杯
蠔油、粟粉各2茶匙

牛柳

準備：

1. 牛肉改淨筋膜，包以鋁箔，置冰格內藏至半硬，移出先切片後切條再切小粒，粗剁數下，放肉碎在碗內，加調味料拌勻，最後下油分散肉碎待用。

2. 馬鈴薯洗淨，連皮放入中鍋內，加水過面，大火燒開後

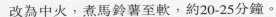

改為中火，煮馬鈴薯至軟，約20-25分鐘。

3. 移出趁熱去皮，用餐叉捺爛成茸，過籮後置碗中加入牛奶、牛油、鹽、胡椒粉及少許糖拌勻，將整團薯茸置於一西式湯碟中央，用餐匙撥至四週，修成一條堤壩如圖。

4. 雞肝去筋切片，放入沸水內一拖，倒入疏箕內以冷水沖透，切小粒，如半粒綠豆大小，留用。

5. 調好芡汁備用。

做法：

置中式易潔鑊於中大火上，鑊紅時下油2茶匙，先爆香乾葱茸再下蒜茸，即倒進牛肉碎，不停鏟動至牛肉分散，放入雞肝粒炒至脫生，灒酒，調勻芡汁料倒入鑊內，繼續鏟至汁稠，出鍋放入湯碟之薯茸堤內，趁熱供食。

蟹肉芝士焗通粉

很多和我們同年紀的兒童尚未知道甚麼是意大利通粉的時候，我們很幸運已習慣了芝士 (cheese，乳酪) 焗通粉香噴噴的味道。祖父口味廣，他特別喜歡荷蘭的豪達芝士 (Gouda cheese) 和法國的軟芝士、瑞士的大孔芝士，所以我們一點不會覺得芝士的氣味難以忍受，反而食而甘之。祖父的午餐有時是一小盤的蟹肉芝士焗通粉，那時用的是長達一英尺、中央有孔的通心粉，做法是西式的，焗時滿屋飄着奶油和芝士的香氣，真是垂涎欲滴。

日人轟炸廣州，我們逃難到香港時家境拮据，買不起西式烤爐，我哥哥手藝甚佳，把一個火水罐剪去底部，四面又剪些透氣大孔，架在煤爐上，到通粉煮好了，便整盤放在火水罐上，用剪出來的鐵片蓋住焗盤，上加灼熱紅炭，上下交熱，芝士一熔化便成了。

到我在美國生活，方知芝士通粉 (macaroni and cheese) 是美國小孩的恩物，但只有芝士和通粉，那像我們小時吃到的那麼精緻哩！每每懷念舊時的好日子，心癢癢又做起祖父的焗通粉來，我外孫兒無知，不肯承認我做的是芝士通粉，文化和家教不同，怎怪得我女兒呢！

很奇怪，在香港想找正宗的長通心粉真難，就算最高檔的超級市場也只有短身的，約二吋長，不好用，不像長通粉可以橫排在盤內，每層夾些蟹肉奶油汁，供食時橫切成段，很好看又好吃。姑且用短通粉吧！

通粉

作料：

長通粉或短通粉120克 (約4安士)
鹽2茶匙
青花蟹或紅花蟹1隻 (約10安士)
洋葱1小個切碎 (約2大湯匙)
牛油或橄欖油1湯匙
荷蘭豪達芝士100克 (約3安士)

奶油汁料：
牛油、麵粉各2湯匙
牛奶1杯
鹽、白胡椒粉少許

準備：

1. 花蟹蒸熟拆肉，以少許鹽、胡椒粉、糖拌勻留用。芝士刨碎。

2. 容量 4 公升之大鍋內加水大半滿，置旺火上燒開，下鹽攪勻，繼下通粉煮5分鐘，倒入疏箕內瀝水。

3. 置易潔鍋於中火上加入牛油1湯匙，炒洋蔥約2分鐘移出。同一鍋內下牛油2湯匙及麵粉，改為中小火，炒至麵粉與牛油和勻，慢慢吊下牛奶，不停攪拌至汁稠。

4. 拌入一半芝士茸，加入蟹肉同拌勻。

5. 小烤盤內塗油，排下一層通心粉，上澆⅓蟹肉奶油汁，蓋上一層通粉，再一層蟹肉奶油汁，如是至所有作料用完。

6. 灑下其餘芝士茸蓋面。

做法：

1. 預熱烤爐至攝氏220度 (華氏400度)，放入烤盤，烤至芝士金黃並散發香氣為止，約15分鐘。

2. 移烤盤出爐，橫切成4份，每位上。

一道菜配搭得好自
有一番自然之美，
不需刻意裝飾，本
末倒置。

北京饭店
名菜谱
(上)

弗州火腿代金華

（原文寫作於1980年，2002年4月修訂）

美國一向對肉類的進口有嚴格的管制。中菜賴以調味的上湯，全靠金華火腿提味，若不能進口，便要找代用品了。華人採用美國弗吉尼亞（Virginia）州史密夫非爾德（Smithfield）鎮出產的火腿，由來已久，喜筵壽酌，都少不了一道「鴛鴦夾雞」，夾的正是這種火腿，其簡稱為「弗腿」。

三個先決條件

能稱得上史密夫非爾德火腿的，一定要符合幾個條件：

一要產於是鎮，別的地方全不算數。

二要肉質好，腿要取自特別飼養的豬，出生後八至十月內，先餵以橡實、草及野胡桃，到花生季時則放豬在田中，任其覓食收割剩餘的花生。這種豬肉瘦而結實，腿醃後呈琥珀色。

三要醃法正宗：用粗鹽遍擦豬腿，成堆置於冷房內待其入味；數週後再擦鹽並塗上一層厚厚的黑胡椒屑，便掛在冷房之鐵架上用野胡桃木來燻，日夜不停，如是者六週始拿下置於木箱中，在清涼的地方擱置起碼三個月使之陳化（age）。從醃、燻、陳化至可食約需時九月至廿一月不等。

「史密夫非爾德」火腿是越陳越好。當地有個俗例，女兒呱呱墜地，做父母的便替她掛好幾隻火腿，出嫁時烹來

史密夫菲爾德鎮位置圖

大宴親朋，恰如紹興酒中的「女兒紅」。

美國食品科技一日千里，養豬亦是速成，用的化學飼料，說得出的養分都有，在六個月內乳豬便可長到一百八九十磅，善價而沽了。肯假以時日，墨守繩法，自然飼豬的農民寥寥可數，正宗醃腿，只見於家用。雖有若干牌子仍自稱正宗「史密夫非爾德」腿，能合乎規格的又有幾家？

新法醃腿講速成

位近「史密夫非爾德」的幾個小鎮，新法醃腿的工廠應運而生。豬腿取自一般的豬，醃時混好了鹽、糖和硝擦在腿上，放入鋼箱中，自然有鹽滷溢出把豬醃透，只三個月便可用野胡桃木來燻了。一個長達廿月的醃製過程，一下子便濃縮到三四個月。有了新法，大量生產便沒有困難，但速成醃腿，陳化日子不夠，出廠後購者不宜立即使用。

史密夫非爾德火腿

「史密夫非爾德」火腿是密封在蠟紙內，用布袋袋住，高掛在肉店的牆上來賣，可望而不可即，如同「隔紗買牛」。以前只要認好了牌子便可閉着眼睛，甚至郵購都會買到滿意的。十年人事幾番新，如今一提起買火腿，便會怨氣沖天了。不夠陳的火腿，肉濕而不結實，色淡紅，味特鹹而無香氣，用以熬湯，還帶酸澀味，大煞風景。

唐人肉店雖有開斬零售的火腿，可一目了然。但購者也得講運氣，來貨若是千篇一律不夠「陳」，店家就算最體貼亦愛莫能助。僑胞彈性最大，一念及「不陳」史密夫非爾德腿總勝「鮮洋腿」，不聲不響又買下來。老實說，雖然近年鮮魚鮮肉的供應大別於往日，若生活在外國仍抱着魚要游水，蝦要蹦跳，肉類家禽不能進冰格的頑固態度，那你準定要捱餓！

三代火腿 適應上策

我在家中便常貯有三代火腿（分在不同時期購入）：一是置陳夠時可用的，處理好後切塊包好，註明部位及時間，放入冰格內，用時解凍；另一是將近夠陳的，整隻放在冰箱內冷藏，待切塊的用完，便可補上；還有一隻是未夠時的，則放在外子的酒窖內掛起，一代接一代，補給源源不斷。

史密夫非爾德火腿，歷久不變，肥肉不會有一股舊油味(粵人稱「臗」，外省人稱「哈喇」)，這是金華火腿比不上的地方，用來做「蜜汁火腿」無以上之。

蜜汁火腿

作料：

史勿夫非爾德或金華火腿
中段一方，厚約5厘米，重
約1公斤 (2磅多)
去皮白湘蓮1杯
冰糖125克 (4安士)

桂花醬2茶匙
白糖1湯匙
生粉½茶匙＋水1湯匙
小梳打粉1湯匙

蜜汁火腿

準備：

1. 大鍋內燒開多量的水，加入小梳打粉1湯匙，投火腿塊
   於熱水內泡浸至水暖，用鋼絲擦擦清附着的香料，挑去
   骨髓，用冷水沖淨。

2. 選一比火腿塊略大之中鍋，加入火腿，以水蓋面。浸過
   夜後整鍋置旺火上燒開，改為小火，蓋好，慢慢煮至中
   央之骨頭突出 (約1小時)，趁熱去骨，湯留用。

3. 湘蓮加沸水泡浸半小時，開邊，去芯，置小鍋內煮軟。
   瀝乾留用。

做法：

1. 火腿冷卻後連皮切成大片，約0.4厘米厚，長5厘米、寬
   3.5厘米。

2. 取一半徑15厘米之企口中碗，將火腿片整齊地沿碗邊碼
   好，一片疊一片排成螺旋狀，再多排一層在上，中間留
   個空位，放入一半打碎冰糖和煮過火腿的湯約八分滿，
   置蒸籠內旺火蒸20分鐘至冰糖熔化。多餘之火腿湯可留
   作別用。

3. 潷出火腿汁，加入蒸軟湘蓮及其餘一半碎冰糖，旺火再
   蒸30分鐘至糖熔，蓮子亦酥軟。

4. 置餘下之蓮子入小鍋內，加入火腿汁，中火煮至入味而
   不爛為止。

5. 小心將碗內火腿倒扣入深菜盤內，火腿汁則倒進小鍋，
   排煮好之蓮子伴邊。

6. 加1湯匙白糖，沸水2湯匙入火腿汁內，在中火上煮至白糖溶化便加入桂花醬拌勻。勾薄芡。

7. 倒桂花火腿汁經密眼小疏箕淋在火腿及蓮子上，棄去桂花。

8. 供食時可與千層餅同上。

提示：

1. 湘蓮可代以金黃蘋果三、四個，去皮，每個分切成八角，去核及芯，蒸軟可用。

2. 每次漉出火腿汁，面上的浮油應撇去。

金華火腿

北京飯店食猴頭

(原文寫作於1980年1月，2002年4月修訂)

「猴頭」，是「譚家菜」所用的一種作料，現時在北京各大賓館，它與乾鮑、魚翅及其他珍貴作料同列窗櫥之內。

生物學家說，人類與猿猴幾千萬年前同出一家。猿猴類的靈活、聰明，亦為人以外其他動物所不及。但食猴之風，古來已有，現今仍存。

古今中外皆食猴

遠古人類，凡能捉到的動物都用來充飢，猿猴亦不例外。河南安陽商朝殷墟的舊址，便有食猴遺骨。在東北遼陽發掘的漢朝墳墓裏的壁畫，描繪廚房景象，橫架上吊着食物，有一樣顯然是大猿猴類的動物。晉朝以猩猩唇為奇珍，後世亦屢作為八珍之一。元朝國醫忽思慧著的《飲膳正要》上面說：「猴肉味酸無毒，主治諸風勞疾，釀酒尤佳。」現在廣州的「野味居」，有「炒猴肉」一味奉客。清朝包辦治河的人，窮奢極侈，有食猴腦之俗，兩廣亦然。食法是將活生生的猴子鎖在木箱內，露出半球形剃淨毛髮的天靈蓋，當席鑿開，加沸油醬料調味，用匙舀起猴腦生吃。猴子的嘴巴早已用布堵住，不能作聲，可說是殘忍之極（見附圖）。據說在一九三〇年代，南洋一帶仍有此風。

西班牙南端，英屬的直布羅陀，峭壁孤聳，雄視北非洲，崖上猴子眾多，當地遂以燒全猴為上菜，大盤上桌。燒猴子除有尾巴外，望之宛若嬰兒，初試者觸目驚心，不

食猴腦何其殘忍

忍下咽。

　　（編者按：上面資料，係陳天機搜集，供香港電台電視部「香港一二三」猴年節目之參考。蒙借用插圖，特向麥敏中先生致謝。）

猴頭是真菌無殺生

　　但有一種植物性的猴，叫做「猴頭菌」，別稱「刺蝟菌」，生長於中國東北及西南各省，是一種真菌，大若拳頭，新鮮時色乳白，乾後顏色呈棕黃。基部狹窄，除基部外，菌面長滿長髮，遠看活像個猴子的頭，因而得名。傳說猴頭菌長於樹林中，每有一個猴頭冒出頭來，不遠之處便有另一個茁長，遙遙相對。

　　「猴頭菌」長於櫟、胡桃的立木或朽木上，自然生長，極為稀有。近年上海真菌研究所已能用人工方法培養猴頭，現仍在試驗階段，希望將來能大量供應。

　　「猴頭菌」性平味甘，有利五臟、滋補身體的功效。在藥用上可治消化不良、神經衰弱及胃潰瘍。據醫學文獻報道，猴頭菌含有抗癌物質，已知對皮膚肌癌有一定的抑制作用。

人工培植猴頭菇

譚家名菜有猴頭

　　在食用上，「猴頭」是北方的珍貴作料，廣東人則甚鮮採用。匯集了三菇六耳加竹笙的廣州四大酒家名菜之一的「鼎湖上素」，「猴頭」並不包括在內。

　　清末民初，馳譽北京的「譚家菜」菜譜，其中便有用「猴頭」為作料的菜式。筆者夫婦曾品嘗過北京飯店的「紅燒猴頭」，做法是將乾猴頭菌浸軟去毛，除去菌底雜質及老韌部分，橫剖成大片，先用鹼水發漲，煮軟後以上湯煨好，裹上蛋青及生粉拌和的漿，在開水內一汆，再以上湯煨一次上碟，伴以菜薳。看起來似一塊塊鮑魚，但因上滿了粉漿，猴頭菌原來的質地被遮蓋了，外在的調味也不能被吸收，咬下去有怪異的感覺，難以形容。我們覺得真味不足，不算好吃。

每一種真菌都有其獨特之質地或香味，獨「猴頭」此物，嫩時尚幼滑，質近海參黃耳。但一經長老了，質變海綿，確是乏善可陳。當日蒙北京飯店慷慨讓出「猴頭」一包，回港後試用多種方法炮製，頗有技窮之感。「猴頭」吸水力極強，用上湯及乾鮑同煨，固易入味，但咀嚼時無甚興趣，質地既不爽亦不滑，幾位知名食家，一致捨猴頭而取鮑魚。

北京飯店譚家菜

在北京時聽人說，老北京飯店建於民國初年，位於東長安街，本是一所大旅館，餐廳專賣西菜，有舞池可容千人，佈置瑰麗堂皇，是達官巨賈宴會之勝地。解放後北京飯店成了外賓招待中心，餐廳羅致了戰後「譚家菜」的大師傅(不是譚家菜原主譚瑑青的如夫人)。譚家舊址及舊人，也就湮沒無聞。後來北京飯店地方不敷應用，便在老店左旁擴建一座高達十層的大樓，位置就在北京最旺的王府井街口。

野生猴頭菇

說到「譚家菜」的本末，台灣的唐魯孫先生有文「細說譚家菜」，跟着香港名食評家特級校對在《大成》雜誌又發表了「與唐魯孫先生細說譚家菜」。兩位都是資深的食家兼作家，對「譚家菜」細說盡致。筆者生晚，不敢置喙，只能在此略談今日北京飯店的「譚家菜」。

北京飯店新樓的廚房，是全中國最現代化的一所，平日絕不對外開放，只有尼克遜夫人和北韓金日成主席夫人參觀過。筆者蒙北京清華大學安排，得獲與餐廳部幾位大師傅會談，並帶領參觀廚房內部。

蔚然成家南北和

問起「譚家菜」，據云從舊時譚家出來的大師傅，早已物故，傳下的徒弟，亦於「文革」時改業或退休。現時在北京飯店掌門的，可算是「譚家菜」的第三代弟子。其中有一位還是廣東人哩！

「譚家菜」淵源廣東，參以北方手法，蔚然成家。在菜牌上可點到的「譚家菜」小菜，不外乎白斬雞、草菇蒸雞、清蒸魚、菜薳蝦球、咕嚕肉之類。赫赫有名的「譚家大

菜」，非要整席預訂不可。筆者一位表親，負美國某大飛機公司的重任，在北京飯店長期租住一間套房，因為生意，酬酢繁忙，自然有幸吃到每位二百元人民幣的「譚家菜」（那時一般人的月薪不過三十六元）。細看他存起的菜單，比北京飯店普通筵席差不多，只多了一個清湯燕菜和一盤紅燒魚翅，若再加乾鮑脯，價錢又另議了，問他食味如何？答以：「還算過得去。」

清湯燕菜

廚子朝氣勃勃水準高

新北京飯店的廚房，果然名不虛傳，面積寬敞，光線充足，清潔整齊，設計週全。最主要部分為冷食部，與其他部門隔離，有紫外光的消毒設備，確保外賓的飲食衛生。廚櫃全用大理石蓋面，可作案板之用。廚房一方，沿牆都是特大的冷藏庫。中央有鑲鋼的烤爐，光潔照人，另一邊是新式的煤氣爐，架上的調味料都盛在發亮的鋼碗裏。蒸籠離地不足一英尺，大得每次可蒸百多個花卷或饅頭。筆者參觀時適在早餐後、午飯前，案上早已排好一盤一盤的菜。再看看那些工作人員，除了領銜的大師傅和管理人員，全是少年軍，朝氣勃勃，銳不可當。

據老一輩的師傅們說，「文革」期間，「譚家菜」也遭受到影響，珍貴作料來源短絀，訂菜的人不多，廚師們少了實習的機會，技術因而荒廢了。新秀缺乏經驗，平日操作多是普通菜式，要維持「譚家大菜」的流韻餘風，並非一蹴即就之易事。

北京飯店的包子、餃子和麵食，比任何飯店都要精緻。一爆一炒的家常小菜都顯得很特出。西式煎羊扒，尤為外賓所樂道。早餐可中可西，酸乳最令人難忘。中式早餐小吃，擺得滿桌都是，日日不同，真是洋洋大觀哩！

後記（一）：一九七九年八月之後曾在北京飯店住過三次，餐廳的四川菜和北京菜仍然不遜昔日，惜「譚家菜」後繼無人，菜式平平。而在北京陸續開設了不少大酒店，其中的餐廳都有相當的水準，競爭甚劇，北京飯店不再執旅店飲食業之牛耳。當年特意以「譚家菜」招待過我的康輝師傅，現已身任北京飲食界要職，且為中國最權威的《中國烹飪》雜誌的編委會委員。

至於猴頭菌的培養，廿年於茲，日見進步。人工培養的乾猴頭菌，充斥香港市面，價格非常廉宜，三數十港元便可得一磅，質地乾韌，發浸後多用以燒湯，與豬排骨同煮，有很濃的菌味。新鮮的猴頭菌，個子比自然生長的小得多，在市場中也常有供應，據說是從福建省運港的，完全沒有香味，修淨後可與肉類同炒或紅燒，不見得比乾的好味道，

很奇怪，美國反而比中國較早有培養猴頭菌。加州一位名馬可肯·克拉克 (Malcolm Clark) 的，開設了一家叫「珍菌公司」(Gourmet Mushrooms)，三十年來專心致力於培養世界上不同品種的珍奇食用菇菌，有「真菌學急先鋒」之稱。他從事這個行業有一段故事：在六零年代初，他到日本學習柔道，認識了當地首屈一指的椎茸 (即冬菇) 培養專家 Tsuneto Yoshi，發現了他養椎茸的目的是為了抗癌。馬可肯從他那裏學到培養椎茸的技術，帶回美國發揚光大。經他引進的奇異菇菌有來自峇里島的熱帶雨林，甚至遠至喜瑪拉雅山的山麓，品類極盛。目前他經常供應各大餐室的稀珍菌類，有十五種之多。問他哪一種是他最喜愛的，他認為培養得法的椎茸，仍是無以尚之。

洋洋大觀的珍菌

我家附近的農人市場，有一賣菇類的攤檔，部分貨源來自「珍菌公司」。我們有幸能常常買到很多奇種，如龍蝦菌、黃菌、號角菌、羊肚菌、牛肝菌、蜆殼菌等，普通一點的如白蘑菇、棕蘑菇、蠔菇、冬菇、猴頭菇，加上近年新引進的雞腿菌，真是洋洋大觀。

後記 (二)：香港馬會嘗譚家菜

二〇〇四年四月是香港沙田馬會會所成立二十週年紀念，為了盛大慶祝，特從山西省請來一隊譚家菜的廚子蒞港表演。筆者有幸獲邀試菜。

領銜的主廚為譚家菜第三代嫡傳弟子特一級廚師、現已退休、返回原籍山西的陳玉亮。我除第一次在七九年在北京飯店內、由康輝師傅安排的譚家小菜外，第二、三次都在北京飯店舊樓的「譚家菜餐廳」所品嘗的，都是譚家大菜。當時的印象是：廣東風味的譚家大菜，由第三傳弟子演繹，距離百多年前的正宗譚家菜有多遠，實難稽考。廣

東人善烹珍貴海味，而譚家大菜的作料質素，直接影響菜饌的水準。當時只覺得價格實在過昂，口味清淡而未見特出，大有物非所值之感。但那是二十多年前，百物匱乏的北京。

沙田馬會的菜單，有分四人、六人、八人或筵席，都是由陳師傅制定，四人份的菜單為：

清湯鴿蛋竹笙

奶湯翅肚

扒海參

乾燒大蝦

干貝菜心

香酥鴨

杏仁酪

六道大菜中，有四道十分清淡，湯底或芡汁的顏色近乎透明（奶湯除外），一道接一道都是相類的賣相，同一的清淡，可說是平板無奇，沒有驚喜，乾燒大蝦的芡汁用的是茄汁。香酥鴨完全不下香料，單調得很，連甜品也是白色的。

試菜當天，陳師傅已回山西，我們餐後兩位助手出來打招呼，他們特別強調所用的上湯是純用雞熬製的，調味料則以糖、鹽為主，以保清淡，醬油則以少下為原則。我心中恍然明白，用香港的雞（往往鮮味不足），不下味精（他們慣用而馬會禁用），沒有精肉和火腿熬成的上湯，其清淡處可想而知。

很多廣東籍的會友試食大菜後，都覺得這些聲稱富廣東風味的譚家菜，不若粵廚做得到家。我個人亦認為許多海味都是只有質感而無味，必要以上湯扶持，太清淡的上湯，扶不起味淡的海味。當年的譚家手法，果如是耶？

回家後即找出譚家的食譜惡補一番，果然火腿和醬油的用量是少至以「錢」（一兩也不夠）計算。或者我們可以概括而論：多年前在濃膩京菜之鄉的北京，以廣東風味獨樹一幟的「譚家大菜」果然是崇尚清淡的。

中菜墜入「造型」圈套

（原文寫作於1980年，2002年3月修訂）

在色、香、味之外，兼顧造型，本是好事，但過於注重，成首末倒置之局，就反為不美。

從香港回美國過新春，學生來說：「老師，你遲了一步，上海錦江飯店九大廚師剛在三藩市表演過哩！」

去夏我們住在有上海七大飯店首席之稱的錦江飯店，該店餐室以川菜及粵菜「掛帥」，擁有技術精湛，經驗豐富，德高望重的廚師，地方大，招呼好，中西菜餚堪稱上選。雖然其他大飯店各擅所長，但一切盛大的國宴都在錦江舉行。

筆者夫妻二人吃的是包飯。每頓有一湯，兩葷，一素，有時吃膩了，便點些四川小菜調劑一下，算是加菜。

我們一抵上海，便要求參觀錦江的廚房。可是天天坐在同一桌子，與廚房僅一屏之隔，竟成咫尺天涯。等了近三週，離境在即，心中好不焦急，便向交通大學外事處呻氣。卒於在動身前一天，纔安排了半天的訪問。

午飯前副經理金舜華先生帶領參觀各部門。錦江飯店樓高十三層，是舊建築物。廚房本用煤球，解放之初改用了煤氣。錦江自己設計了一具電動豆腐機和一個燒煤氣的掛爐，看來很簡單，但錦江的豆腐人人愛吃，而烤鴨結合了廣東掛爐鴨和北京烤鴨的製法。廚房內分工很細，不同

上海一隅

部門各司其職，用的員工人數不少。蔬雕部的主持師傅，手下有成組學員，冰箱內常備各式不同的立體裝飾品待用。都是用南瓜、青蘿蔔、紅蘿蔔雕成的花卉魚鳥，精巧細緻，惟肖惟妙。

「造型」是國宴主題

午飯後與七大飯店的總經理任百尊先生有個座談會。金先生也在座。任先生本為石印工程師，領導上海飲食業廿多年，一切的改革，都身體力行。他告訴我以前烹調的要素在色、香、味，解放後卻多添了一樣「形」。造型分兩類：一類是利用加了工的(尤其是燒熟了的冷食)作料，小心細緻地雕、切，再編排成特定形狀，多用於花式冷盤諸如鳳凰、荷花、金魚、花籃等等，另一類是利用作料本身，排成特定的形狀去燒或燒好後排砌上席，多用於熱菜如扇子豆腐、紅燒划水、拆會魚頭、芙蓉蟹斗等等。在陣容鼎盛、氣派十足的國宴上「造型」是主題。

我們無福參加國宴。但錦江的旅遊活動繁忙，我們挑定了近廚的一張桌子，每晚稍稍留神，便見各種不同的拼盤魚貫上席。我們也赴過幾次普通宴會，只覺得這些看來美妙細緻的花式拼盤，固是多彩多姿，作料大都相類，味道乏善可陳。

那時錦江已有計劃去美國亮相。任先生問我有關美國人的口味和當地作料的供應，我很直率地說美國人生活板眼快，實事求是，口味簡單，「華而不實」的造型菜式，不合他們的胃口。近年除了清淡的廣東菜外，帶辣味濃的四川及湖南菜正在美國抬頭，而且美人趨辣之風，有增無已，錦江菜式若想重川味，自無問題。

陣容太盛嚇壞洋人

可是一看這次表演的菜單，來個下馬威的是春日園林大拼盤，計有四款：鳳穿牡丹、松鶴長春、雙燕迎春、屏開雀迭；另伴以八式長壽小碟冷食：陳皮牛肉、蘿蔔絲、辣白菜、拼海蜇、黃瓜條、辣花生、油爆蝦、薰魚塊。堆頭之大，可稱一時無兩。四個花式拼盤，都是以鳥類造型，所用黃、白、橙、綠四個主要色素，靠賴蒸蛋黃、蛋

冷葷拼盤

白、紅蘿蔔及青瓜四種作料，蛋片靠味精調味，蘿蔔青瓜一下了鹽便溢汁水，所以大都淡而無味。另外還有粉紅色的碎肉腸。雖然也用其他不同配料如雞肉、鴨肉、火腿、切肉等，但要同時拼四個盤子，重覆使用同一作料，在所難免。於是食客多半「看」放在中央的，而吃圍在旁邊的八小碟。

　　冷盤後是蟹黃餃子，地道上海點心。（錦江的「南翔小籠包」一口一個，做工細緻，皮薄湯多，比蟹黃餃子更出名）。

畫蛇添足鑊氣全消

　　跟着是「雙色蝦仁」，分紅白兩色，辣與不辣雙味。「宮保雞花」是雞丁炒好後用紙包成宮燈形上席。錦江燒出來的「宮保」菜式，火候調味一向掌握得很好，這次他們隨團運美一批二百多件的古瓷，以他們的「功力」，加上古意盎然的盛器，其他一切裝飾，顯見多餘。這味火候至上的川菜，宜即炒即上，為何偏要包成宮燈形，上席後還要拆開，「鑊氣」全「走寶」了。算不算是「畫蛇添足」？

　　「銀絲干貝」是瑤柱煮干絲，學生說刀章果真了不起，是正統的上海味。

　　兩個素菜是「軟炸鮮蘑菇」和「干燒刀豆」，一淮一川。

　　「錦江烤鴨」片了皮與薄餅同上。

　　繼續再來三個注重形式的菜：「粉蒸豆腐」、「海棠鮑片湯」及「荷花素燴」包括了身價並不等閒的天然竹笙和各色蘿蔔；菇類及青菜，本應很和味，但為了「形」，便把番茄去肉，切成荷花形，中盛銀耳，擺在碟中間。每類蔬菜同燴好了，重新再挑選，逐樣分類排成界限，把荷花圍住，一盤熱菜頓成冷菜了。

　　「花式粉點」又是「形」的表演，是糯米做皮，豆沙或棗泥做餡的像生點心，分四碟上，每碟中置蘿蔔絲餅，伴以橘子、荸薺、枇杷和梨子四種不同形的水果。

　　之後是「菊花鮮魚」，把石班切成菊花形，吉列上。

南翔小籠包

42

「四生火鍋」分四碟，蝦切成「梅」，雞片「蘭」，雞腎「菊」，魚片「竹」，連紹菜也切成菊花狀。

「奶油栗子粉」是北方甜點，每位上。

押席的「一帆風順」是個西瓜籃。雕工細，有意思，既好看也好吃。

評論反應只是好看

可是，《三藩市記事報》(San Francisco Chronicle) 的專欄作家何勃堅 (Herb Cain) 的評語，不過寥寥數行，使讀者倒透一口氣。他說：「當九位來自『友誼城市』的上海的廚師，仍在此間皇宮酒樓獻藝時，我如講這些話或有禮貌不週之嫌，但三藩市的中國菜比大陸的不知好上多少倍。上海的作品做工美妙，設計精巧，但一點味道都沒有，實在沉悶。」

中菜過份雕琢，易墜入造形之圈套

後來我訪問了三藩市另一大報《San Francisco Examiner》的飲食專欄編輯石泰文先生 (Harvey Steiman)，他對中國菜素有研究，著了一本《中國烹調技術》的書，他說他本人沒有吃過，但吃過的同行及朋友，「一致公認」上海廚師做的菜，好看是好看極了，味道並不那麼好，三藩市有更多好吃的中菜。

有人或曰：「做生意而已，何必認真。」

一國之宴，主人弄弄花樣，被邀國賓豈會有異議。縱有，亦礙於情面，難以啟齒。九大廚師，若代表上海，敦睦兩市之交，志在親善而不在交易，重「看」而不重「吃」，表演也，無可厚非。既屬商業行為，食客定必有中西，華僑卅年來未見過大上海作風，破題兒第一遭，眼睛吃吃冰淇淋又何妨。可是在外國生活的人，用錢並不那麼隨便。

每席菜價港幣六千

自由經濟體系下商品的價格，雖云定於供求，沒有競爭的商品，獨佔市場，價格固可升降自如，但食客仍不免要問：價格內有些什麼？就菜單而言，材料成本有限，人工佔了一部分，皮費內包括了一團人的來回空中交通費及食宿，再加上兩個商業機構的居中費用 (圖榮旅運公司的

43

組織及推廣與皇宮酒樓借用的場地)，還有最重要的是排山倒海而來的「廚譽」。每一席一千二百美元 (合港幣六千元)，說貴不貴，說便宜，一點也講不上。

想中國各大區域菜系的廚子定會步錦江後塵，相繼出國獻技。負責人若能對當地情況、食客口味、菜單設計與及價格訂定各方面，審慎從事，則生產及消費雙方，俱不蒙損，而中華廚藝亦得以在海外發揚。

食品不是工藝品，既要「見而悅之」，亦應「食而甘之」。重「形」輕「味」，有失食品主旨。北京仿膳飯莊，北京飯店，杭州飯店，姑蘇飯店，甚至在不重冷食的廣州，拼盤都排砌得整齊悅目，每類的顏色及口味，各有千秋，與川式冷盤大異其趣。熱菜造形，既可增加美觀而又不損食味，值得推崇。惟仍應考慮保熱問題，不宜過份雕琢，免墜入造形之圈套。

排砌得整齊悅目的拼盤

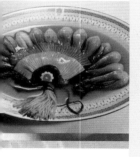

小題大做煮蛋學

（原文寫作於1997年10月，2002年3月修訂）

　　莫說煮蛋是小道，實在大有學問在其中，法國的名廚就各有自己的一套，亦曾因此引起爭執。

　　嬰兒滿月，廣東俗例父母大派紅雞蛋。雞蛋是煮熟後染紅，小孩子最喜歡一個個的剝來吃。近年一切從簡，薑酌後主家把一盤紅蛋放在席中，任客人拿回家，省卻不少分派的麻煩。相沿下來，已成習例，但不曾見有人為文討論如何煮十全十美的紅雞蛋。

　　中國人用整個熟蛋做菜的例子不太多，似乎怎樣剝殼，不是大問題。在西方，蘇格蘭式的牛肉批（Scotch Egg），當中便是一隻熟蛋。美國人喜用熟蛋裝飾沙律，或者把蛋黃拿出壓成茸，調了汁再釀回去。法國人用蛋的花樣最多，數之不盡，全熟的、半熟的、僅熟的，煮多一分鐘嫌多，少一分鐘嫌少，分秒必計。但名廚各家各法，總有多少出入。

　　法國食壇首屈一指的白駒氏（Paul Bocuse），煮熟蛋的方法是先燒開一大鍋水，把蛋放在疏杓內，置入開水中，待水再開便計時間：中蛋用小火煮九分鐘，大蛋十分鐘，然後把整杓煮好的蛋，浸在冷水中，蛋殼便很容易剝出來。

　　也曾當過戴高樂總統的廚子的傑克畢平（Jacques

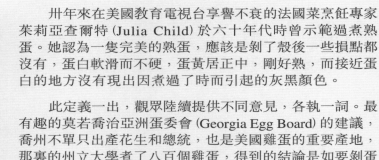

Pepin)，則主張水開後煮十二分鐘，但他説最好用生下來起碼已有兩天的鮮蛋，蛋殼的酸性此時已漸行消失，易於剝下。

卅年來在美國教育電視台享譽不衰的法國菜烹飪專家茱莉亞查爾特 (Julia Child) 於六十年代時曾示範過煮熟蛋。她認為一隻完美的熟蛋，應該是剝了殼後一些損點都沒有，蛋白軟滑而不硬，蛋黃居正中，剛好熟，而接近蛋白的地方沒有現出因煮過了時而引起的灰黑顏色。

此定義一出，觀眾陸續提供不同意見，各執一詞。最有趣的莫若喬治亞洲蛋委會 (Georgia Egg Board) 的建議，喬州不單只出產花生和總統，也是美國雞蛋的重要產地，那裏的州立大學煮了八百個雞蛋，得到的結論是如要剝蛋殼容易，煮好後立刻浸在冰水中一分鐘，把煮蛋的水再燒開，然後把蛋放在開水中浸十秒鐘方拿出來剝殼。冷縮熱脹的原理使蛋白先在冰水內收縮，蛋殼後在開水中發脹，蛋白便與蛋殼完全分離。

跟着在芝加哥的美國蛋委會 (American Egg Board in Chicago) 亦列舉了威斯康辛大學家禽科學系一連串的煮蛋研究，包羅萬象，其中竟有用壓力煲一法。步驟是在煲內放二英寸深的水 (只能煮蛋十二隻)，燒開，小心放蛋進去，加蓋，大火加壓力至最高 (十五磅)。立刻整煲移離火位，候五分鐘，方可放壓開蓋。浸蛋在冰水或冷水中，儘快剝殼。

茱莉亞也按着觀眾的不同建議，逐一研究，十多年後在《麥考爾》月刊上 (McCall's) 為文推薦，認壓力煲方法為最佳。

國情不同，西方將煮蛋作為一項科學去研究，中國人看來，是小題大做。筵席上的鴿蛋菜式，有用整個熟鴿蛋的，是在碗中加冷水浸過鴿蛋面，大火蒸十五分鐘，立刻浸在冷水中，蛋凍後剝殼待用，聽來不似大學問。倒是一味薰蛋，蛋白要嫩，蛋黃要糖心，薰好後切半時用刀要使「陰功」，切上去乾淨利落，蛋黃軟軟溜溜，一點不糊到蛋白去，便絕不是可以用分秒來計算的科學，而是只能意會，不可言傳的藝術。

世伯胡惠春先生（已故），既是古瓷鑒定專家，又是美食家。他的私廚，精調淮、揚、閩菜，一味薰蛋，是他的首本。一天胡伯宴客，本想向大師傅詳細請教，但客人已到齊，不敢耽誤時間，只問了幾個關鍵，回家自作聰明試做了，還算滿意。食譜簡述如後：

大鍋內置鴨蛋或大黃殼雞蛋十二隻（因蛋黃較力康蛋紅），加冷水蓋過面約四英寸，中火燒開後加蓋，候三分鐘關火移蛋浸於冷水中，稍涼剝殼。此時準備薰料，中火上置小鍋，加入青茶葉四分一杯，麵粉兩湯匙，炒黃後剷出，與半杯壓碎黃糖調勻。薰時為方便清潔計，最好用鋁紙將鑊蓋及鑊包好，置中火上，燒熱，加炒好薰料，面上撒一湯匙乾桂花或玫瑰花蕾，中置鐵架，將蛋排好，嚴蓋薰十五分鐘，小心移蛋出鑊，候冷切半，略撒花椒鹽在蛋黃便可上桌。

按：林文月女士在《飲膳扎記》內提到將滷蛋分半的妙法：「取一根較韌的棉線，一頭咬在齒間，左手小心捧取仍然頗軟的滷蛋，右手提住線的一端，瞄準蛋的中央部位，將線在那位置上面環繞一圈，輕輕一拉，蛋就在手掌上整齊完好地分為兩半了。」

這使想起我家的女備人亦用這個方法把「溏心」皮蛋用線「剮」成四份的情景；皮蛋用線依長的方向拉成兩半後，合起來，把蛋轉動九十度，再依長的方向「剮」一次，便成乾淨俐落的四份皮蛋了。

乍驚四座的翠綠蝦仁

（原文寫作於1982年6月，2002年3月修訂）

回港定居不覺三年，生活模式與在美時大不相同，以前教烹飪為業，每天下廚，週末宴客，假期出外旅行，遊食四方，與食結不解緣，時有意想不到的喜悅。外子在香港因職務上的關係，酬酢頻繁，苦的是我對味精極度敏感，在避無可避的情況下，勉為其難，故爾平日在家清茶淡飯，甚少出外進餐。雖則香港飲食繽紛萬象，似與個人無關，接觸面狹窄了，無新經驗，缺乏好題材，自然也跟着寫少了。

更可惜的是，喜歡下廚的人，決不是單食獨飲之輩，有好的，總想與人共享。但入鄉問俗，深知港人不忍見主婦一人在廚下獨苦，為怕令客人為難，雖有與眾同樂之心，把酒言歡之興，等閒不敢在家宴客。

既疏於煮，又少試食，靈感何來？不寫久矣。但每晚臨睡前讀食譜和飲食雜誌的習慣不能改，腦海中常浮現別人筆底下的好菜。

港人真有福。這一陣子，多少「特廚」，挾着「特技」，帶着「特產」，魚貫地來去，而香港的食風亦不斷轉移。特技隨特廚而去，特產哄動了一時，食客口味膩了以後，蹤跡渺然，幾曾見過一些有影響力的「特意」，在香港飲食上深深地紮根？口味原是有傳統的，外來的衝擊只能刺激一時，歸根結底，大眾的飲食習慣還是很少改變，但無可為

諱，在見聞方面，的確是大大的擴展了。

翡翠蝦仁奇妙如魔術

中國菜式千變萬化，中國出版的食譜，包羅萬有，引人入勝的佳饌，實在不少。新版的《北京飯店名菜譜》內有一道「翡翠蝦仁」，更是奇妙如魔術，領着做菜的人，一步一步走向幻境，始則是奇，繼而驚，後而喜，漸而迷惘，不由不使人衷心折服中國烹調的精深奧妙，斷不是時下流行的「排場」和「體勢」所能表揚於萬一。

菜名冠以「翡翠」二字的，表示綠色的蔬菜是作料的一部份；伴邊的、與其他作料合炒的，甚或用綠色的菜汁成芡，尤其所謂翡翠芡，泰半用菠菜葉的汁或茸調製而成。菠菜含有不易為人體吸收的鐵質，嘗起來帶鐵銹味，就算菠菜汁亦不例外。

不知是甚麼聰明人的妙想，菜譜上說用菠菜的葉，切碎，加水搗爛成漿，濾去纖維之後得淨菜汁。放菜汁於小鍋內，置旺火上，待菜汁燒開而又未全開，小泡沫開始在鍋的四週出現時，立刻移鍋離火，便見一層翠綠的泡沫，浮在表面與菜汁分離。此時用小匙細心舀出綠沫，放進過濾紙斗內，待水分全去後，留下來的，竟像研碎的綠色顏料，而鍋內的菜汁，已然變成銹水，滴綠不留。就是這個工序，把菠菜的澀味去掉了。

這些綠色素，在裏不在染。蝦要乾爽，綠素方能黏得牢，分量也不能用得太多，要逐少調入，直至蝦仁均勻地着上了色，纔好下調味料，之後還要藏冷數小時。至於烹製，則簡單得多了，在嫩油內一拉，回鍋濺些好酒，包管菜一上席，客人定然口呆目瞪，這時做煮婦的，大可安心讓他們交相私議，逕自入廚準備下一道菜了。

奇妙得很，泡過蝦仁的油，些兒不綠，綠的只在蝦仁表面，並不滲進，中間仍是淡紅。盛過蝦仁的盤，也是乾淨俐落。

讀者或會問：下這麼大番功夫，綠色蝦仁，與一般清炒蝦仁相比，有何特出之處？其實，食味方面並無突破，只不過食客「見而悅之」，所以「食而甘之」而已。但作料只

是普通的蝦，工序保險，正是人人可試的一道別緻的好菜。

　　食譜內的原文本來頗簡單，但我是個教烹飪的，不似大師傅要賣關子，試菜成功後便立刻寫下了食譜和做菜時的心得，一併在此與讀者分享。

油泡蝦球

翡翠蝦仁

作料：

新鮮中蝦1000克 (2磅2安士)
菠菜450克 (1磅)
清酒2茶匙
葱白2條，切欖形
泡嫩油用油4杯

調味料：

蛋白1個
生粉1湯匙
鹽¾茶匙
糖½茶匙
麻油½茶匙
白胡椒粉少許

準備：

1. 鮮蝦去頭、殼，剔腸，用鹽抓洗後以水沖淨，自背部由頭至尾直剖成雙飛狀，繼續沖水至蝦肉呈半透明為止，置疏箕內瀝乾水分，用紙巾吸乾，逐隻平排於潔淨毛巾上，捲起包好，冷藏待用。
2. 菠菜摘葉洗淨，粗剁後放入攪拌機內，加水2杯，高速打成茸，倒進密眼籮斗，隔渣留汁。
3. 照本文上述方法，將菠菜汁煮成綠素，約得1湯匙。
4. 從冰箱取出蝦仁，置大碗內，逐½茶匙分次拌入綠素至色澤均勻 (共需約2茶匙)，便調好味料，加入蝦仁內，以保鮮紙包好，冷藏三四小時方可用。

做法：

1. 置鑊於旺火上，極紅時下油¼杯搪勻鑊面後倒出，加進其餘生油，待燒至七成熟時 (約攝氏165度，華氏325度) 改為小火，用筷箸先拌勻碗內蝦仁，然後倒入熱油內，不停鏟動至蝦仁散開，即連油倒入架有漏杓之盤內瀝油，留油約1湯匙在鑊內。
2. 加旺火，投入葱白一鏟，倒蝦仁回鑊，立刻沿鑊邊潛酒，繼續鏟動約20秒便可鏟出上桌。

提示：

1. 綠素亦可裹帶子，效果奇特，帶子表面光滑無割口，不易着色，着色處卻在里肌組織間之裂縫。如法炮製，帶子盡變新玉片片，璧裂錯落有緻，似小荷葉，可名之為「玉蓮帶子」。
2. 綠素也可裹龍脷魚柳，切骨牌件，裹綠素泡油後便是青翠之玉板，食時蘸些浙醋，妙極。

兩色肉

（原文寫作於1982年3月，2003年3月修訂）

也許是年事漸長，不那麼熱衷接納新潮流，因而在原則上有很多地方仍然萬分執着。每見菜盤上堆起只供觀賞的食物，總覺不順眼，心中少不免嘀嘀咕咕：「真浪費！」

不知打從哪時起，香港吹來一股講究菜「形」的熱風，飲食業一窩蜂的爭在花式上出噱頭。往往見到不少喧賓奪主、本末倒置的裝潢，對菜饌本身的色、香、味既無裨益，抑且枉費人力物力。

飲譽全球的法國菜，何嘗不重視菜式的擺設！但人家精心設計的飾品，仍是菜式的一部分，不獨可以觀賞，還可以品嘗。一隻刻了花的蘑菇，不見得特別美味，但在味覺上加上視覺的享受，效果自又不同。日本菜更考究，鋪陳得似幅雅緻的圖畫，每一小塊的裝飾，都可以吃。反觀我們今日流行的蔬雕魚、蟲、鳥、獸、粉捏的人物、果品，無一能食，且看畢即棄。

其實一道菜的作料，如配搭得好自有一番自然之美。最簡單莫若咕咾肉；炸得合度，點綴些青紅椒，澆個甜酸芡，上桌時自是明亮照人，絕不需任何裝飾。一盤白切雞，揀手貨是皮薄肉厚脂肪少，若悉心巧製則見嫣紅的肉、鵝黃的皮，自具姿色，再妝扮也嫌沾污了。就算一碟帶尾的油泡蝦球，如果材料新鮮，火候控制得好，只略撒點蔥絲，便清麗兼具，再伴些甚麼，也是多餘。很多中菜

炸得合度的咕嚕肉有自然之美，不需裝飾

看起來便很美，實毋庸多附枝節。

　　最近在《北京飯店名菜譜》內找到一個好食譜，作料廉宜，只將一塊豬肉分成兩半，一半減色，一半加色，前者裹蛋清，後者裹蛋黃；淺色的泡嫩油，深色的炸脆，分排在盤上，深淺有緻，再在熱油內拖一把芫荽，青翠地襯在旁邊，平平無奇的豬肉便突出了。最值得圈點的，卻是一樣肉呈兩樣色，而全菜的美，來自心思與操作技巧，絕不矯揉，值得介紹一下。

兩色肉

作料：

豬裏肌肉300克 (10安士)
大雞蛋1隻，分開黃、白
芫荽80克 (3安士)
植物油2杯

淺色豬肉醃料：
蛋白2湯匙
生粉2茶匙
汾酒、麻油各1茶匙

糖、鹽各½茶匙滿
胡椒粉少許

深色豬肉醃料：
蛋黃1個
粟粉1½湯匙
糖、麻油、紹酒各1茶匙
蒜茸、薑汁各½茶匙
老抽1湯匙
鹽少許

準備：

1. 豬裏肌肉逆紋切薄片，愈薄愈好，切至一半為止，其餘留用。置肉片於大碗內，加水2杯，浸15分鐘以去血色。瀝水後便鋪在廚紙上，再蓋上兩層廚紙，吸去水分。

2. 小碗內調好淺色醃料，加入肉片內，拌勻後置冰箱冷藏2小時。

3. 留下之一半豬肉則切3厘米厚，加入深色醃料拌勻，亦冷藏待用。

4. 芫荽去頭，洗淨，瀝乾水分。

做法：

1. 置鑊於旺火上，待極紅時下油2湯匙，用鏟將油搪勻鑊面後，倒出油加入餘油，全部放進鑊內，稍候5分鐘至油溫約攝氏180度 (華氏350度)，以筷箸拌勻淺色肉片，即放入熱油內鏟散，用炸籬移出至漏杓內瀝油，然後放在菜盤之一旁。

2. 繼續在中大火上熱油至油溫約攝氏190度 (華氏375度)，拌勻深色肉片，全部放進油內，不停鏟動至肉片分散，炸至浮升在油面便可關火。挾出肉片瀝油，置於菜盤另一旁。

3. 投芫荽入油，一拖即挾出，圍在肉邊，趁熱供食。

兩色肉

靚湯美點，令人印
象難忘。

太后名點確「豆泥」

（原文寫作於1982年9月，2002年3月修訂）

　　因拙作英文中菜食譜《漢饌》一書，出版商特地邀請我到紐約與一組從事出版飲食刊物的專業人士合作。除拍攝菜譜圖片和對稿外，還要和設計師討論書本的插圖、圖解和封面等事宜。在紐約擾擾攘攘地住了兩個月，與一些執筆講食和評食的美國作者時有過從。傾談之下，他們認為書內三百多個食譜，絕少「宮廷菜」(Imperial Cuisine)，實屬憾事，而且令人費解。

　　這也是真的。

　　他們所說的「宮廷菜」並不是港人家知戶曉的「滿漢全席」。去過北京的美國遊客，莫不到過北海公園的「仿膳飯莊」。受了宣傳的影響，他們都以為確實品嘗過清宮御廚的美食，回國後輾轉相傳。而紐約更有一家由中國官方與華僑資本合營的「北京飯店」，大事宣揚慈禧太后名點和菜式，美國飲食界漸漸對這一派食製發生興趣。

肉末燒餅

　　至於「仿膳」提供的菜點，與當年清宮的膳食偏差程度若何，中國人已難於肯定，美國人更無由分曉。猶記在一九七九年隨外子到北京講學，被接待到「仿膳」晚宴，就該店之菜牌來看，似與一般京菜館無殊，而該晚之菜式，除一些點心及一道「肉末燒餅」特別聲明為「太后菜點」外，其他則一般水準，無特出之作，印象因而不深。

帶口味上的偏見，個人在書上只收取了一個以羊肉為主、稱「它似蜜」的太后菜，點心則一個都沒有。被人一提，倒也激發起好奇。趁正着手寫《中國點心》(Chinese Dim Sum)，便先解決了「芸豆卷」和「豌豆黃」這兩個太后名點。

北人以麵為主食，豆類居次。兩廣人除多吃大豆製品外，甚少以豆類為主要作料製點心。香港市上常見的豆類不外紅豆、綠豆、白豆、眉豆、扁豆及蠶豆數種，不見有芸豆，而芸豆又是甚麼？

從數本植物參考書中，查得芸豆的學名為Phaseolus Vulgaris，與美國食物大辭典對照下，纔知道芸豆的俗名為腰豆，有分紅、白、及花皮三種。至於「豌豆黃」的豌豆，則為乾的老豌豆，色黃，俗稱馬豆，多已去皮開邊，用來十分方便。這兩種豆子，較大的超級市場有售。

芸豆卷其實是由兩種豆泥合成的甜點，外面是一層芸豆泥，鋪上一層紅豆沙，捲成如意狀便是。豌豆黃更簡單，豌豆泥加糖合煮成糊，擱冷成糕。大膽地說，這兩道名點，都是粗物，絕不似廣東點心那麼精緻和需要技巧及經驗。同時齊名的「小窩頭」，原本是北方窮人吃的「大窩頭」蛻變而來，是玉米粉摻進大豆粉加點糖蒸成。傳說慈禧出身寒微，貴為太后仍念念不忘舊時小食，情有獨鍾而已。

真不敢估計有多少讀者會感興趣。既然美國人也想知道，何妨把食譜供諸同好。資料來自北京「仿膳飯莊」發行的菜譜，經個人幾番試驗以家庭分量及現代烹調術語寫成。點心是否「豆泥」，請讀者裁奪好了。

各種芸豆

小窩頭

芸豆卷

作料：

白腰豆或花腰豆225克 (½磅)
小蘇打½茶匙
水3杯
紅豆沙1杯
另包卷用白布2塊，（20×10厘米）

芸豆卷

準備：

1. 豆子洗淨，以多量水浸過面約五六小時，去皮，瀝水，拌入小蘇打粉，醃1小時。再沖淨。

2. 加水3杯入不黏底鍋內，置旺火上燒開，倒入豆子，待水大開時，即見有白沫浮面，小心撇去，繼續大火煮豆，邊煮邊撇至白沫全清，改用小火煮一小時，豆便酥爛。

3. 將豆連汁逐少放入密眼籮斗內，用木杓把豆從籮眼壓進大碗，便成豆泥，壓完為止。

4. 置全部豆泥於布袋中，包緊，上壓重物排出多餘水分後可用。若不即用，可整袋放進冰箱冷藏。

做法：

1. 微濕白布。取一半豆泥搓成與布同長之卷，橫置於布之中央，覆上另一塊白布，用棍隔布擀開豆泥成一薄片後，將面上的濕布移開，然後用果刀刮平豆泥使厚約⅜英寸，再將豆沙平鋪至豆泥上，亦刮平。

2. 用小刀橫劃一中線在豆泥上作分界，先將近身一邊的豆泥連布捲起至中線，再將另一邊照樣向中捲起，便兩頭合捲成一圓柱形。

3. 稍將濕布撕離豆卷，兩手執緊布邊向當中拉緊使兩邊合攏。

4. 攤開濕布，加保鮮紙一大塊蓋豆卷面上，隔紙將豆卷翻過來，包緊。可即用或冷藏待用。

5. 食時先切齊豆卷兩頭，再切成1½厘米厚塊，上碟供食。

豌豆黃

作料：

開邊綠色嫩豌豆 (馬豆) 450克 (1磅)
小蘇打1茶匙
白糖½杯
黃砂糖¼杯
水6杯

做法：

照芸豆卷準備方法 (1.2.) 煮豆成泥，壓爛後置於不黏底鍋內，大火燒開後加糖，待糖溶後改為中火，不停攪拌至豆泥變稠。試用木杓撈起豆泥，如豆泥成絲帶狀往下滴，堆成小山而不與鍋內豆泥溶合即可倒入已塗油之方盆內 (23×5厘米)，撥平後蓋上保鮮紙以防乾裂。冷藏數小時後切成3.75×5厘米之小塊供食。

用木杓撈起豆泥

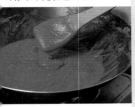

碗豆黃

雙皮奶今昔

（原文寫作於1989年4月，2002年4月修訂）

　　陪伴朋友蘇恩潔到廣州參觀美食節。恩潔是英國倫敦大學的歷史學博士，也是馳譽英國的中菜食譜作家。這次回國是為了她的新書找資料，得到廣州飲食服務處的接待，由飲食培訓班的劉建華科長作陪同。

　　恩潔特別要求品嘗雙皮奶及薑撞奶。劉先生帶我們到一家參與美食節的甜品店（姑諱其名）先試雙皮奶。端上來的是一碗碗半透明奶白色的稀糊，面上完全無皮。我們一行五人，大家只嘗一口便作罷，不約而同說哪有如此莫名其妙的無味無皮雙皮奶！

　　劉先生也覺不好意思，再帶我們到另外一家叫杏花樓的甜品店去。女主人十分和氣，立即親自為我們調製熱騰騰的薑撞奶，一眾大為激賞。薑撞奶顏色淡黃，質地似燉雞蛋，但奶味香濃而微帶薑汁的辛辣，入口潤滑舒暢，果然有水準。

　　此店不賣雙皮奶。問其原因，女主人說做雙皮奶要用未經稀釋、含脂肪較高的原水牛奶。現時除順德大良仍有水牛奶外，其他地方並無供應，而技術方面，亦因太費時間及人工，在廣州人消費力日高的情況下，一般甜品店已無力生產正宗的雙皮奶。我們在另一家吃到的，是濫竽充數的蛋白燉奶。

　　女主人又解釋，要製雙皮奶，先將原牛奶加入糖後慢

薑撞奶

火煮沸，便分倒入飯碗內。熱牛奶與冷空氣接觸，面上會凝結一層薄薄的奶皮，稍攔涼後用牙籤輕輕挑起一角，把牛奶慢慢潷出，留下奶皮在碗底，此工序謂之「攤皮」。倒出的牛奶加入蛋白打勻，再從奶皮先前的開口處注回，使奶皮浮起，入籠燉熟便成雙皮奶。但關鍵在乎奶皮一定不能離碗邊，纔有張力，否則縮作一團，便不成雙皮了。因此，倒奶回碗，不能太快，亦不能太多，適可而止。燉奶時火候亦要恰到好處纔會滑溜。

手續如此繁複，難以大量生產，盡在不言中。

至於杏花樓的首本薑撞奶，實源自沙灣。女主人說，只需煮沸一鍋稍濃的甜鮮奶。磨好老薑汁，隨叫隨撞，一兩分鐘牛奶便凝固，正是易做又討好，無形中取代了雙皮奶的地位。

十年前在鳳城的清暉園曾嘗過正宗的雙皮奶，奶皮緊緊蓋面，甘腴香甜，而皮下的燉奶嫩滑細緻，至今印象猶深。早一陣路過佐敦區一家頗具名氣的甜品店，見冰箱內擺滿一碗碗現成的燉奶，好奇心起，夫妻二人合試了雙皮奶及薑撞奶。雙皮奶的皮，皺成一堆，很煞風景，而薑撞奶水分甚多，想係預先做好番熱之故。

現時香港的鮮奶，與外國一樣，都經過加水，並加熱至攝氏一百五十度去消毒及增長儲存時效，雖然合乎衛生，但同時破壞了牛奶內的乳酸菌，凝固力不強。若想做含脂量較高的薑撞奶最好加入等量的稀忌廉（Table Cream），纔有較佳的效果。

說到鮮奶，香港遠不及歐美品種之齊全。從脫脂奶至1%、2%或全脂3%奶、半忌廉及全忌廉，甚至介乎全脂奶與半忌廉之間的來自蘇格蘭（Guernsey）種奶牛的牛奶，洋洋大觀，任君選擇。更有一種加了乳酸菌，發過酵的（acidophilus milk），使人飲了不會肚瀉。近年更有一種除去乳醣的牛奶（lactaid milk），含脂肪量亦有全脂、脫脂、1%脂、2%脂之分，以適合不能消化乳醣人士之用。

薑撞奶之奧秘

不料十多年後薑撞奶在香港竟然大為流行，很多甜品

薑

店都爭先供應，而且更有薑撞奶專門店，獨沽一味，連電視台也加以專訪。但薑撞奶的製法，仍然留為店家的秘方，諱莫如深，也沒有人敢問津。一來所謂滴珠原水牛奶無處可求，就算果真有，而撞奶技術太敏感，稍一失誤，牛奶不凝結，只得一碗碗薑汁甜奶，掃興之至。因此有人看見店家當面一撞一蓋，以為輕而易舉，回到家中躍躍欲試，但撞奶這回事內裏竅門太多，屢敗屢試之後，只得無奈放棄。

我因為有輕微的先天性血糖偏高，早在三十多年前已戒糖，所以對薑撞奶毫不動心，更沒想過要下苦功去迎接這一挑戰。聽來反常，真不像我！

千禧年春，學生廖樂怡要在美國我家鄰埠開一甜品及果汁店，想用薑撞奶作招徠，她與丈夫苦苦研究都不成功。我一回到美國，她要我幫忙找個最保險的做法去應市而不丟臉。她買給我一枝烹調用的溫度計，希望我能為她測試出正確的牛奶溫度。

用老薑磨茸榨出汁液

從《中國小吃——廣東》一集，找出了線索。經過不斷地用溫度計試驗，總算有交代。我用中小火燒開牛奶（太大火牛奶一滾便會瀉出鍋外），立刻停火，稍攤涼，從沸點起試撞薑汁，一直逐次、逐少降低溫度，直至求得一個合適的溫度時，牛奶便凝結。這個溫度就是攝氏七十七度（華氏一百七十度），可以用溫度計來量，萬無一失。但要寫出人人能用而不需憑經驗的食譜便不那麼容易，因為除了溫度外，尚有另一重要變數——薑汁。

如所週知，薑是有季節性的：夏天收成的薑最嫩，稱子薑；到了秋天子薑長老成嫩薑；嫩薑長至農曆新年時便是老薑。只有老薑磨出來的汁纔帶澱粉，是薑素之所在，薑汁之所以能凝固牛奶就全靠這丁點澱粉。換句話說，主要關鍵在乎薑的老嫩，牛奶溫度只是次要。到了老薑過時，新薑上市，便要用進口的印尼薑（在北美可用夏威夷薑）了。至於牛奶，任何一種牛奶都可以做薑撞奶，不一定要甚麼滴珠原水牛奶，視乎個人的選擇而已。我曾試用代糖，一樣可以。

美國人重飲食健康，不少客人要求用脫脂奶或部分脫

脂奶甚或全脂奶。為此，我又採用不同含脂量的牛奶，逐一測試，結果發現不論用哪一種牛奶，如果薑夠老，薑汁含澱粉多，溫度正確，撞奶一定成功，正是人人可學。

又若每次都要用溫度計去測溫度，豈不十分麻煩？繁忙時間更是手忙腳亂。我從冰箱取出一杯(八安士或四分一公升)牛奶，放進功率一千瓦特(watt)的微波爐內，大火加熱二分鐘，取出加糖入牛奶，多攪幾次至糖溶，溫度便會稍降至約攝氏七十七度。現時市上的微波爐，功率多數是一千瓦特，但微波爐十分耐用，十五年前買下來的，現今仍然可用，這些舊款微波爐，功率最多是八百五十或七百瓦特，用舊式微波爐去熱牛奶，一定要換算時間，否則徒勞無功。下面的食譜十分精確，請讀者逐步跟隨，薑汁和牛奶溫度都要對，否則萬難成功。

薑撞奶

作料：
冰箱溫度牛奶1杯 (8安士)
老薑1塊 (約核桃大小)
白砂糖1湯匙 (或隨量)

做法：
1. 薑刮去皮，用薑磨磨茸入碗內，榨出汁液，經密眼小箕隔去薑碎，薑汁留用。
2. 中式飯碗內加入薑汁1湯匙，留用。
3. 容量2杯之耐熱玻璃量杯內，加入牛奶1杯，置微波爐內，大火 (100%熱力) 加熱2分鐘。
4. 移牛奶出爐，拌入白糖，以小匙攪拌至糖熔化。是時用小匙將碗內薑汁攪動，使沉澱之薑粉與薑汁同調勻。
5. 置飯碗連薑汁於洗碗盤內，從高處向下將熱牛奶撞入碗內，不必攪勻，用碟蓋碗，候2分鐘便可供食。

提示：
1. 換算微波爐加熱時間：

功率	加熱
1000瓦特	2分鐘
900 瓦特	2分鐘12秒
850瓦特	2分鐘21秒
800瓦特	2分鐘30秒
700瓦特	2分鐘51秒
600瓦特	3分鐘

2. 此食譜以1碗為準，若連續做兩碗，第二碗的微波加熱時間應酌量調節，因玻璃量杯經上次加熱後，仍留有餘熱，大火加熱1分45秒便可。

世紀廚師的名湯

（原文寫作於1990年4月，2002年3月修訂）

一九九〇年由法國「高一米路」(Gault–Milou) 飲食指南選出來的三位世紀廚師之中，以保羅白駒氏 (Paul Bocuse) 的聲譽最隆，其餘二位為巴黎嘉名餐室的盧布松 (Robouchon)，瑞士的芝或第 (Girardet)。

法國菜革命先鋒白駒氏

自從《米芝連飲食指南》在一九六一年給他一星，一九六二年兩星，一九六五年三星之後，白駒氏可謂名利雙收，世界各地的報章及飲食雜誌，都稱許他為當今世界最有名的廚師。雖然近十年他搞生意的興趣遠超於烹調及創新菜式，但若論他的功績，白駒氏不愧為法國菜革命的先鋒，到如今方冠他世紀廚師之銜，似乎稍晚。

家學淵源，拜新菜之父范南鵬學藝

白駒氏出身飲食世家，祖上一代已在里昂近郊開設餐室，故此自幼便受到薰陶。孫承祖業，理所當然，不過要在法國食壇闖出名堂，必先要潛心苦練，到技巧達某一烹調水平，方能參加不同層次的廚藝比試，一級晉一級，有了名次才夠資格去拜名師之門深造。少年的白駒氏，獲名噪一時的「法國新菜之父」范南鵬 (Fernand Point) 的賞識，得以在他的「金字塔」(Pyramide) 餐室習藝。

范南鵬在二十世紀五十年代之始，便致力於革新傳統

范南鵬

法國大菜的偉業。他認為法國大菜採用太多濃膩的奶油和乳酪做汁液，把食物的真味完全掩蓋，而過分矯扭的伴碟，過事雕琢，徒有其表，都應摒棄而代以用最新鮮的作料，去燒口味清淡的菜式。「金字塔」餐室就是這個革新運動的搖籃，法國各地的廚子，莫不以能跟隨范南鵬為榮。很多今日的三星名廚，當時都跟過范南鵬學藝，在他們心目中，他就是大家的「鵬爸爸」。

白駒氏在朋爸爸啟發之下，悟出了一套新的烹調哲學，並創出一系列嶄新的菜式，稱「法國新菜」(Nouvelle Cuisine)，大受法國人歡迎。范南鵬在一九五五年去世，白駒氏回到自己的家鄉，把祖母的鄉村餐室改建，並以自己的名字為店名。得到三星之後，白駒氏的法國新菜已達巔峰，國內、國外廚師爭相效尤，各出花招以求競爭。結果新菜良莠不齊，食客裹足不前，到了二十世紀八十年代方始走回較平實的路線，新舊法國菜合流，但格調仍以清淡為本。

白駒氏

七十年代成國際人物，著作等身

七十年代的白駒氏，如日中天，已不肯安分守己在一個小地方燒菜。挾着名氣，他在東京開了分店，在大阪設立烹飪學校，四出旅行演講示範，足跡遍歐、美、亞，甚至到過中國與當地名廚作技術交流。他採納了日本菜上碟的方式，在香港學會了快炒蔬菜和蒸魚，憑着他鞏固的法國烹調基礎和創意，他的菜式進入了一個更新的領域。

他寫了一本五百多頁，包括一千多個菜譜的法國烹調書，側重基本常識、技術和不同作料的處理方法。菜式是舊中帶新，故此很多人說白駒氏已開始走回舊路。一九七七年英譯本出版，美國版尚且將美國作料取代歐洲作料，銷路甚廣。

熱衷名利，無心戀棧

在名與利招引之下，白駒氏已無暇駐店，亦無心為客人燒菜，很多慕他名從世界各地專程往里昂求嘗一餐的，往往撲個空，極為不滿。白駒氏還投資釀酒業，以自己名字為牌子，銷售布根地區的紅酒。漸而輿論亦對他不客

氣，大肆抨擊。他自嘲地反駁説他之所以常出門，是為爭取見識，開拓一己之視野，從而有更多的發掘。他尚勸勉其他的法國廚子也應時常出門以廣見聞。

二十世紀八十年代的白駒氏沒有製造甚麼大新聞，亦不見有甚麼創新菜式。一九八二年他寫了一本法國家常菜譜，完全不用黑菌、魚子醬、鵝肝、龍蝦等珍貴作料，烹調工序亦較簡單，以求迎合美國主婦的需要。可惜這本書銷路欠佳，不久便被書店棄置在廉價櫃一角，割價賤售。

很多人都批評白駒氏太過勢利，只顧賺錢，不再求進取。其實傳媒也苛刻了一點，一個人燒了幾十年菜，卅六度板斧，總有耍盡之時，把燒菜的責任卸到後輩的身上，殊不為過。現時食客已知道去他的餐室，不一定會吃到他燒的菜，心中有了準備，萬一僥倖吃到了，反而有個意外的驚喜。但食評家及同行均認為，白駒氏果真是個奇才，只要他肯親力親為，他仍然比其他名廚燒得更好的菜。

世紀廚師榮銜無非錦上添花

白駒氏在世界食壇飲譽三十年，所獲獎牌無數，再多這個世紀廚師的名銜，不過錦上添花而已。他燒過很多膾炙人口的名菜，諸如酥皮焗全鱸魚、小龍蝦尾魚子醬沙律、雜菜龍蝦、黑菌肉批、禾草焗火腿、明火燒雞、紅酒汁生煎鴨胸肉、鴨肝醬砵、烤兔肉加胡椒汁等。到了野味季節，他的燒木雞及珍珠雞都做得十分出色。

黑菌鵝肝湯

饗法國總統的黑菌鵝肝湯

一九七五年二月，法國總統頒他法國飲食大使的榮銜時，他特別為總統夫婦燒了一道每位原盅上的黑菌鵝肝湯。做法是先將雜菜切碎，與黑菌片及鵝肝件同置入一里昂式的高腳湯盅加湯後以酥皮蓋住，用高火焗至酥皮金黃鬆脆湯熱辣辣便上桌，食時以湯匙把酥皮破開索湯，黑菌幽香，鵝肝豐腴，入口香濃，不愧名湯也。

以法國飲食大使身份訪港取經

白駒氏於一九七八年與其他法國飲食大使一行八人訪香港，曾表演過這個湯。尖東富豪酒店的法國餐室新張之

始，聞説白駒氏有份參與計劃而且還舉薦了他的徒弟當主廚。法國餐室十年來數易其廚，白駒氏之流風餘韻已然不存，實屬可惜。東京的白駒氏餐室，比較接近里昂版本，港人不必遠道往法國求餐也。

烹調要旨在物料新鮮，不時不食

白駒氏的烹調哲理是：一個廚子，固然要有好的本領，豐富的想像力及創意，但主要還是要有新鮮的作料，而任何作料，總是應節時處在最佳的狀態。不同的季節，要選用適時的作料，決不應受既定菜單所拘泥。作料一過了時令，廚子縱有最上乘的技術，也燒不出最好的菜。所以白駒氏每天清早必定上市場親自採購，選了他認為最新鮮的作料方決定當天的菜單，其變化多樣也是眾口稱道的。

平凡作料燒出精美的南瓜盅

白駒氏並非只曉得用珍貴作料去抬高自己的身價，用最普通的作料他也會燒出不平凡的菜式。與黑菌鵝肝湯齊名的，竟是一道南瓜盅。南瓜是賤物，可見好菜不一定要用貴料，這與香港食客追求的，大相逕庭。

南瓜盅是將原個南瓜切去頂作蓋，挖去瓜瓤及籽，內放烤麵包粒(Crouton)、瑞士Gruyere芝士茸、胡椒、鹽、牛肉清湯及忌廉，蓋好放入焗爐用高火焗兩小時至南瓜身軟，原盅上桌。供食時用匙把南瓜肉刮出放在碗底，上淋以盅內的湯，便是非常精美的湯菜。

一般歐洲式的南瓜羹，都先把瓜肉煮爛壓碎，獨白駒氏的瓜肉是供食時挖出，其靈感是否得自我們的冬瓜盅，則不敢武斷了。

從無到有

（原文寫作於1992年7月，2002年4月修訂）

點心狀元羅坤師傅由穗來港表演之前奏是五月十八日在香港太空館演講廳舉行的一個講座，題目為「廣東點心的演變」。這是羅師傅第一次在香港作公開演講，而且題目有趣，我一早便取好門票了。

演講內容包括四個大題目：星期美點；點心製作技巧心得；點心的外型和味道的演變；廣東點心今後發展的路向。

講座會場座無虛設

羅坤師傅來港獻藝

作為一個傳統點心師，積五十餘年的經驗，而享有今日的盛譽，羅師傅對廣東點心的檢討和展望，本來是一個難能可貴的題材，尤其值得時下年輕一輩點心師的參考和學習。可惜聽眾中有幾組人，在演講中不停高聲交談，擾亂了會場秩序。個人不自重事小，但既來聽講了，對講者便應絕對尊敬。我不大了解聽眾的成分，這些不守規矩的年輕人，似是結隊而來，想是點心行業中的新進，若他們仍是在學的，訓練班的老師應該好好地教導他們：不敬他人，何以敬業！

我只是聽眾之一，不是記者，不欲在此作詳細報道，但聽完羅師傅的演講，心底有很多感觸。

記得在一九七九年第一次隨外子回國講學，那時中國剛開放不久，廣州的糧食供應，仍然緊張，內地人去飲

茶，得用糧票，只有外賓方能升堂入室，享受較細緻的點心。最令我們不安的，是「陪同」要和外賓劃分清楚，與本土人一起坐在大堂內，吃的是另一種點心，通常是早粥、腸粉，偶有叉燒包，還要以糧票付帳。

那是經過了「文革」的掃盪，飲食傳統尚未恢復之際，一切都不上軌道。在百物奇缺之下，很多點心的主要作料，供應都有問題。澄麵是製電池的原料之一，具工業用途，用量便要配給了。平日純用澄麵作皮的蝦餃，迫得要摻入生粉。生粉一多，餃皮變得韌，羅師傅想出個妙法，把傳統的蝦餃，做成一隻小白兔，食客及小童們無不歡迎，也不太計較餃皮的口感了。今日家傳戶曉的綠茵白兔餃，很多香港人都不會知道它的來歷，原來這是「窮則變」下的創新；絕不是今日香港的「胡來」創新！

當時還有一個供應怪現象，就是物料不過省界，井水不犯河水。本來盛產於廣西的荔浦芋，在廣東缺芋時，怎也不能運來應市。那麼，芋角怎做？羅師傅試用鹹蛋黃摻在澄麵和麵粉裏，和成的皮子非常鬆酥，比芋角皮更勝一籌，叫蛋黃皮，是迫於無奈下的創新。近年在香港出盡風頭的白金獎蜂巢式點心，無非採自羅師傅的創作。讀者能否想像到，當時上海著名的粵菜館「新雅」，竟然沒有蠔油供應！

從二十年代「食在廣州」的全盛時期起，粵點經過了多次的摧毀，從絢爛而一落千丈。羅師傅的經驗，實是從苦難中鍛鍊出來，所以他一而再、再而三強調，現時廣東的點心，的確是從無而到有。及形勢改進，他復興了星期美點，依着季節的變化，將點心單每星期不停更換，務求多樣。難得的是，他手上有的，只是日常作料（其實有料可用已是十分幸運的了），一些街頭小食，也因此而登上大雅之堂。

如果小心細讀羅師傅的四輯點心食譜，品類極盛，有時一個點心譜，還提供多個變化方法，都是教人按照時序而採用不同的作料或烹調方法。就算調味料，也是千變萬化，揉合了中國各大菜系的調味方式，改換了廣東人清淡的口味。

羅坤師傅桃李滿天下

蛋黃蜂巢角

白兔餃

受了工藝菜的影響，粵點有一個時期也朝這條路走。人力的充沛以及接受飲食技術訓練的人日漸增多，促使粵點在外型上變得花巧，本應粗料粗做的，變成粗料細做。表面看來，粵點的質素是比前下降，但形式卻做作多了。八十年代初期，粵點的伴碟，色彩繽紛，不免流於俗艷，可喜近年撥亂反正，清雅了不少。

這些點心舊事，羅師傅雖然沒有盡數家珍，細道當年，就算訴說無遺，在座的年輕點心新秀，可能沒法了解，更無由產生共鳴。畢竟在物質豐盛的香港，「無」的苦與「有」的樂，都因為去來太易而不值得記取！

羅師傅對廣東點心的展望是：

1. 傳統與創新將繼續結合，續有新潮出現。

2. 選料趨向廣泛，從麵粉、油、糖的配搭，擴展到更多採用海產、鮮果、蔬菜，而少用肉類。

3. 點心的調味從簡單而變為複雜，以適合不同的口味和要求。

4. 不分中西、南北、東西，城市和鄉村的點心將打成一片。

5. 點心的用料及製作，以營養及保健取向，多採用自然食物，少用化學添加劑，動物脂肪的用量，將來定會減低。

6. 菜餚與點心不分家，可以是熱葷，亦以可是點心，點心筵席會日見普遍。

7. 點心製作的技術，將因人工的節省與及大量生產的需要而趨自動化。

這是羅師傅一廂情願的期望，完全從中國大陸觀點出發。他來到香港，萬分羨慕香港人有豐富的作料，完善的廚房設備，龐大的市場，更有毫無止境的發展機會，是今日內地廚子仍然求之不得的。

我一向尊敬羅師傅的人品和技術，更仰慕他那份樂於

羅坤師傅接受紀念品

解人疑難的精神。他的心聲，並非所有香港的點心業內人士所能了解。他日夕冀求的，目前的香港人不是全都有了嗎？顯見我們比國內先走了好幾步。可是，香港點心的水準日益降低，是有目共睹的事實；粗料固然濫做，精料也要粗做，又或粗品精製，不是為了慳工，便是為了多賺，嘩眾取寵。如果人手繼續短缺而入行的人可能愈來愈少，香港點心的前景，一點不樂觀。

常言道：「人在福中不知福。」老師傅一席話，足堪後進者再三回味。從無到有難，從奢入儉更難，香港飲食的奢風，已是一發不可收拾。在豐足的社會裏，固然不需鼓吹知慳識儉的美德，也不必大力宣傳知足常樂的老套，但捨本逐末、把珍貴作料塞在一件小小的點心內，滿足富豪食客的身分慾，實在不值得提倡；而另一面，大量利用下三濫的粗料，當作珍品似的推銷，對一般普羅大眾也不見得公平吧！

羅坤為作者在泮溪
酒家準備太史粥

君不見索價奇昂的官燕餃、魚翅餃、龍蝦餃同樣與低賤的豬皮、雞腳、鴨血在香港的點心市場上平分秋色？創新的花樣是永無止境的，有一天不難見到用老鼠斑做的魚肉燒賣；用網鮑片做的鮑魚榚；用魚子醬、松露黑菌、法國鵝肝做餡的雲吞。

我年紀大了，看世情如水淡，飽歷從有到無，從無到有的飲食人生。含着銀匙出生，自小依着祖父膝下，吃盡天下美食；八年抗戰，兵荒馬亂，也深知三餐不繼的苦況。如今心想到的，便可吃到，手想做的，也做得到。走完半個世界，最好的也嘗過了，此生不應有悔。

寧可細聽破落大家的辛酸，也不想看暴發戶的嘴臉。往者已矣，望羅師傅語重心長的一番話，向香港飲食界浮誇的一輩敲出聲聲暮鼓晨鐘。

後記：二〇〇〇年到廣州探親，聽飲食行業中人說羅師傅已於兩年前在家鄉去世，喪禮行列夾道，極為隆重。而珠江三角州一帶的衛星城市，發展一日千里，飲食業興旺的情景，直追香港。又因接受中專飲食訓練的青年日增，畢業後從事酒樓茶室的大不乏人，點心水準比起二十年前我們初到廣州時大相逕庭。而香港備受昂貴租金及人

中華廚藝學院設備完善

工的影響，很多中等或以下的食肆，不再在店內自製，轉由內地供應一部分點心；再加上點心技術訓練需時，入這一行的人，未見踴躍，甚望千禧年由香港政府資助成立的中華廚藝學院能培訓出有資格的學員，參與點心行業便好了。

中國名菜精華

CHINESE DELICACIES

名師出高徒，廚師
的成長須經過漫長
時間的磨練。

夢想的實現

（原文寫作於1991年9月，2001年9月修訂）

　　一九九一年八月底是班尼士餐室開業二十週年紀念。加省灣區各大報章及電視台早在半個月之前便爭先報道這盛事，而柏克萊（Berkeley）市政府已批准在八月廿五日那一天下午，把餐室所在地的街道封閉，作為慶祝場所。餐室所有的作料供應商均應邀前來擺檔，展覽並售賣各式土產及農作物，好不熱鬧。

　　班尼士餐室（Chez Panisse）雖小，名氣卻大。它是加省菜（California Cuisine）的發源地，是培育有天才，富創見的年輕廚師的溫床，是一個改造美國人口味的實驗室，是帶動美國菜革新的力量，更是綠色運動的一支生力軍。

　　餐室女主人雅麗斯華特氏（Alice Waters）在加省大學修讀法國文學時，曾在法國居住了一年，十分欣賞法國鄉村式的小餐室。她下了一個心願，日後在美國一定要開一家規模類似專賣法國鄉土菜的一星小餐室。結果一九七一年在柏克萊市失托道（Shattuck Avenue）開設了這家班尼氏餐室。

　　華特氏本人雖然熱衷法國烹飪，但並未受過正統訓練。她認為一個好廚子，不單只對烹調要有興趣，還要有獨到之見，是否科班出身並不重要。早期的班尼士廚子，個個都是朝氣十足的青年，雖然缺乏經驗，但在華特氏的鼓勵下，通力合作像是一家人。餐室只供應一款套餐，

雅麗斯華特氏

餐單由華特氏用法文寫出，天天更換。一位老主顧在電視上說，她還記得初時一份全餐只賣三元半而已。

柏克萊市是個大學城，班尼士餐室的顧客多半與大學有關，市中有這麼的一間餐室，人人交口稱道，生意漸漸興旺起來，吸引了不少金山灣區的食客。到了開業的第二年，一個青年到來求職，華特氏對他說廚房有一鍋湯，味道並不好，叫他把它調一調。青年加點鹽，加些奶油和酒，華特氏試了，便把他雇用下來。這個青年就是現今與華特氏齊名、充滿傳奇性的耶利米亞杜華（Jeremiah Tower）。

杜華生於富貴之家，幼年隨父居倫敦，慣食珍饈百味。十五歲時隨家人回國，由一個住在華府的姑媽照料。姑媽嫁了個俄國流亡貴族，社交生活頻繁，家中長日聚集一群歐陸美食家把酒論食，杜華因此很早便懂得品嘗美酒佳餚，對於飲食有自己的一套。後來父母送他去新澤西一家私立中學寄宿，過了一段很不快樂的日子。他在哈佛大學攻讀建築學，多時同學要他顯一下身手，他用料之精和廣，往往使同學驚訝萬分。他去班尼氏應徵，也是路過柏克萊，受了他哈佛時代的同學所鼓勵。

班尼氏的廚子，全都沒有經營飲食業的經驗，餐室的內部組織十分隨便和鬆散，杜華來到，整肅內外，與華特氏推推敲敲，就算沒有正統的烹調背景，兩人倒也做得有聲有色。起初仍是華特氏設計每日的餐單，由杜華去燒，風格走不出法國鄉土菜的路線，而且多以地域性為主。到了一九七二年前後，菜式方開始有改變。

杜華一面覺得每日的菜單仍不能脫離法國菜的窠臼，另一方面又往往找不到適當的作料而非常苦惱。他開始一清早便親自去市場買菜，挑選最新鮮的土產，然後按着所得作料去決定當天的餐單。在餐單上每個菜式都用英文名稱並書明作料的出處，使顧客對餐室的食物有所認識，餐酒也兼用加省釀製的。很多農人及漁民每有新鮮的果蔬及海產，常會送到餐室賣給杜華。

唯其華特氏及杜華沒有受正式訓練，所以完全不受傳統法國烹調的束縛，燒菜的手法自由而開放。華特氏認為

一表雅儒的耶利米亞杜華

82

凡是新鮮的作料，最好是少加做作，方能顯出食物的真味。表面上他們兩人似是十分合作，其實大家都想各出絕招，燒出些不同凡響的新菜。這種用最新鮮的加省土產，以最簡單的方法去烹調，無形中替日後的加省菜鋪好道路。

一九七五年班尼氏終於得到美國最風行的《美食家》（Gourmet）雜誌專文介紹。翌年又得美國食壇權威占士卑爾特（James Beard）推薦為最熱門的一所美國式餐室。是年適為美國立國二百週年，所有美國的烹調大師都在發掘一些屬於美國本土的食製。標榜專用加省土產的班尼士餐室更是炙手可熱，被目為加省新菜的搖籃。

加省有很多餐室立刻改弦易轍，唯班尼士馬首是瞻，競相採用一些新奇的蔬菜，諸如帶花的嫩瓜，細小的紅椰菜，葉菜的幼苗，只要班尼士用甚麼，其他的餐室便盲目跟進。烹調方法多着重用墨西哥木炭明火燒烤，調味則以清淡為主。這股新的飲食潮流，很快便傳遍加省。美國其他地區的餐室，亦跟着採用當地的土產，將好些鄉土菜翻新，以口味清淡和形式簡樸面世，一反當時流行的法國新菜虛有其表的浮誇做法。這一股巨大的革新浪潮，激發起美國人飲食意識的覺醒，班尼士餐室顯然居一大功。

而杜華在華特氏陰影之下，一籌莫展。早在一九七六年他已萌去志，也像當年的華特氏，懷着要有一家自己的餐室的夢想。但離開了班尼士之後，際遇坎坷，和人合股經營的餐室又捲入了糾纏不清的財務訴訟，大損他的銳氣。他去了法國一年，與居於當地的美國名飲食作家 Richard Olney 合作撰寫「時代—生活」公司出版的《好廚子》食譜系列，之後回到美國在加省飲食學院執教。幾經艱辛，總算在一九八四年，他的「星星」Stars 餐室在三藩市開業了。

這段時期裏班尼士餐室的廚子不停地流動，餐廳儼然是一所加省菜的訓練中心。華特氏本人的興趣也轉到園藝上，專心研究園蔬的自然種植法。為了保證餐室採用的蔬菜、水果及香草的質量，全不用化學肥料和殺蟲劑種植，華特氏特約一家小型農場獨家供應班尼士每日所需。農場只距餐室約一小時的車程，天天送貨，餐室用膳的，全

面面俱圓的雅麗斯華特氏

部送給附近的慈善機構，絕不留到隔日。不單只蔬菜，班尼氏用的牛肉、豬肉、羊肉，都是用自然穀物，不加賀爾蒙及抗生素飼養的。不受籠困的走地雞、鴨、鴿及鵪鶉，也由特約雞場送來，店中用的乳酪也是加省出產，魚鮮更不用說一定要新鮮的了。

華特氏在二十年間，與幾位班尼士的廚子先後出版了四本食譜，行銷全國，把班尼士風格發揚光大。她又把園藝的心得，發表在大飲食雜誌上，鼓勵讀者在後園用自然方法種菜。

在餐室的二樓，加設了一家咖啡室Cafe，不設留座，先到先得，價格也比老舖相宜，菜式也比較多樣化。供應的袖珍意大利薄餅，餡面的用料十分獨特，麵食也自創一格。近年好幾家大紅特紅以加省菜為號召的餐室，或多或少都帶有班尼士的風味。

華特氏自從聘得一位意裔廚林高手白圖理 (Bertolli) 之後，已甚少親自下廚燒菜。她又在柏克萊增開了一家專賣美式早餐及小食的店子，一身兼顧數職，連班尼士餐室也罕到了。

杜華有了「星星」，如願以償，集中精神搞好業務和燒菜，但人緣仍然欠佳。「星星」很快躍登三藩市首位美式餐室，多年不衰。他又在市內多開了一家叫Speedo 690的餐室，生意亦不錯。而那些打着加省菜招牌的新餐室，很多紮基不穩，漸漸淡出。

自此兩人分道揚鑣，近年來已甚少過從。杜華性孤僻，不喜在公眾場所露面。華特氏適得其反，與傳媒的關係搞得非常好，處處受人歡迎。在一些名廚主持的籌款會上，總見華特氏出盡風頭，而杜華則守在灶旁專心燒他的加省菜。

很多人看不過眼，認為加省菜的發明和推動，意念全來自杜華，華特氏坐享其成而已。

又有人謂，姑勿論是誰的本事，如果沒有華特氏多方包容沒有訓練的廚子，換了別的餐室，杜華決沒有發展的機會。以兩人的力量，竟然可以引發起一個席捲全國的飲

杜華在製作美食

食改革，那是不可思議的。

說班尼士餐室、說雅麗斯華特氏，像是說一個神話，與我們距離很遠很遠，但杜華卻與香港結了緣。偶然的機遇，他對凋零不堪的山頂餐室着了迷。他憤慨美國人缺乏遠見，決意向亞洲發展，山頂餐室就是他的踏腳石。他把山頂餐室重新裝修成有自己風格的歐美式餐室，還親自督工。他聲言志不在吸引香港的豪侈食客，但求把美好、質樸、口味清淨的菜式帶給香港大眾。

幾經易手的山頂餐廳

山頂餐室在去年開業。在法國燒烤美食會的聚餐會上，我也曾向幾位來自法國及瑞士的廚子詢及他們對杜華式的美國菜的意見，反應頗為冷淡。有人說他的菜式太粗，不符香港美食標準。我以遠居新界，遲遲未去品嘗。在今日以奢食掛帥的香港飲食天地，一廂情願，返璞歸真的傻勁可真不合時宜，只有默默地衷心為耶利米亞杜華祝福。

後記：言猶未了，正如那些法國廚子所料，杜華的山頂餐室開張後不久便結業，杜華的壯志，只存於他自己的夢想裏。

臨淵羨魚

（原文寫作於1990年11月，2002年3月修訂）

一日，在馬會泳池碰到朋友S.W.，他告我剛從法國回來，在里昂開會期間，一連吃足五天，還吃到現今高據世界廚師首席的白駒氏 (Paul Bocuse) 餐室的名菜。問他吃了些甚麼精品，他說吃得天翻地覆，已無法記清在哪一家吃了些甚麼，總之十分精彩就是了。如我想知道，他會把那天的餐單寄給我。

不久，S.W.真的把餐單寄來，還附入一張香港希爾頓酒店十月份的節目表，知道白駒氏的副手富來禮 (Jean Fluery)，將會在月底來港獻藝。接信後喜極，約好S.W.夫婦，立刻定好了位。等外子回家時方告訴他我們實行退而求其次，再不臨淵羨魚了。

白駒氏與富來禮

飲食要講緣份

早一陣在法國燒烤美食會的餐會上，和唯靈兄談及飲食也得講緣份，他前後吃了四次白駒氏的菜，沒有一次不是失望而回。一九八四年我們特地去里昂，結果捨白駒氏而選白駒氏出身成名之地——金字塔餐室 (Pyramide)，吃到我們在法國以來最劣的法國菜。以後遇有人提起白駒氏的菜怎麼了得，心中就塞着一大塊，悔自己聽得太多，信得太十足，說甚麼白駒氏只顧搞關係賺大錢，再不駐店為客人燒菜，如此千里迢迢，等上一兩個月，可能吃到的只是三廚、四廚的菜，豈非不值。

今年白駒氏獲世紀廚師之名銜，也曾為文介紹過。每每想起今後恐難再有「搵食」之雅興，而白駒氏已近退休之齡，名成利就，難得有緣遇上。既然這次來的是他的副手，如假包換的為你燒菜，不必懷疑他是三廚抑或是四廚，此機萬不可失。醫生說些甚麼，一概置諸腦後，夫妻二人決定開戒去。

名菜與機動風琴，相得益彰

甫坐下，朋友如數家珍，說白駒氏餐室的菜好是不用說了，最特別的是餐室的氣氛，招呼也十分週到。那晚是由學會把餐室包下來，只得一百三十個位，向隅的只好往別家去。

白駒氏餐室在里昂近郊的Collonges-au-Mont-d'Or。餐室原址有個十分有趣的歷史，它建於廿世紀初，本是一家藥房及相連着的一個舞場，供給當地人星期六晚跳舞之用。主人特地購置了一具規模宏大的機動風琴，好待跳舞時奏出優美的音樂。第一次世界大戰時，這塊地方被徵用作傷兵醫院。為怕德軍騷擾，主人建了一堵牆把風琴封密，全不為人發覺，風琴自此下落不明。及白駒氏在一九六六年買得這座物業後，被他發現風琴所在，把牆拆下，但已損壞不堪，幾經德國風琴專家修理，在一九七〇年已全部翻新。每晚食客盈堂時，只需一按掣，機動風琴便會奏出悠揚的音樂，還會有一隊人物魚貫而出，音樂停了又會自動回去。

很多遊客不只為嘗美食，也想欣賞一下這具傳奇性的機動風琴。只要身在白駒氏餐室，吃不到白駒氏親手燒的菜，也算有個補償。白駒氏雖然難得下廚為客人燒菜，但餐室每日的運作，一定要付託有人。一九八五年他羅致了富來禮作助手，自此兩人合作無間，設計了很多新的菜譜和極力改善烹調技巧。

嚴肅不苟，具名廚之風

當晚在希爾頓，富來禮守足法國廚子的慣例，先向每桌客人打過招呼方開始工作。他人十分高大，看似很和氣，但侍應說他在廚房內是另一個人，躁急而且嚴肅，一

白駒氏餐廳以著名的機動風琴作標榜

絲不苟，每道菜他一定要親手檢視去保證質素，而他用的作料，都是從法國運來。

我點了廚師創作，是個套餐。其他三人分點不同的散餐，合起來有八九個菜式可以分嘗。幸而希爾頓扒房沒有那股侷促氣，大家真的分個不亦樂乎，舒暢之極。

三文魚與魚子醬，天衣無縫

第一道的廚師餽贈，人人都有，是三文魚生，切得很細緻，拌着些青檸汁、酸瓜、香草和胡椒，作小堆狀，頂上綴以些少Beluga魚子醬，放在一個日本式長盤上。三文魚與酸質一接觸，質地頓呈半透明，香嫩軟滑，配起魚子醬的隱隱鹹甘，遠勝日本刺身多矣。

煎鵝肝沙律，美妙如畫

煎鵝肝有青菜沙律及香脆薯仔伴碟。鵝肝煎得恰到好處，外脆內嫩，豐腴甘香，入口溶化，偶一嘗之亦不為過（我是為自己打圓場）也。青菜的確是葉葉精選，簡直就是幼苗，連紅葉菜（rediccio）也小得像片芫荽，油和醋十分調和。我素喜沙律，嫌它份量少些。青菜上蓋一朵薯仔花，是用新薯仔刨薄片，片片連疊而成，花蕊則是番茄粒。薯仔花薄似紙製，但煎得甘香酥脆，可口得很。整盤菜的佈局清淡而雅緻，可觀賞亦可食用，想起中式的工藝菜，大多俗不可耐，真是不寒而慄。

煎鵝肝伴薯仔餅

鴨肝醬色鮮味腴

外子的鮮鴨肝醬同樣精彩。做肝醬，每個法國名廚都有自己的一手，大同小異，要分高下殊為不易。近廿年來，鴨肝已取代了鵝肝的傳統地位。鴨肝較小，較嫩，顏色淺粉紅，加酒醃好可原件疊在一起裝盤，隔水蒸熟，加重物壓實後橫切成厚片，便見鴨肝呈不同大小的雲石紋圖案，錯落有緻，視覺上已是一大享受了。富來禮的鴨肝醬，火候控制得宜，顯出嬌艷的嫣紅，入口幼滑，鮮嫩甘腴，無懈可擊，只嘆緣何手上少了一杯香甜的Chateau D'Yquem!

牛尾湯清，雲吞餡細緻

四人分點三個湯。酥皮黑菌湯是白駒氏的名湯，果真名不虛傳。龍蝦淡菜湯濃郁得化不開，紅花粉加了點色和微苦的香，又是廚師的另一傑作。

我最激賞的是牛尾雲吞清湯。雲吞是意大利式，皮薄而有咬勁，餡子特出極了，一片片香草，蓋住一薄片黑菌，菌下有塊鴨肝，有頗強的黑椒味。餡心雖小，而味道的複雜錯綜，只宜仔細品嘗，決非文字能表。牛尾湯清澈見底，疏落地盪着粒粒牛尾和雜菜，但口口實在，全掛在口腔裏，肉香久留不散。做清湯而有濃湯的風味，非有上乘的功力，無以達此境界。

燒鴿胸

有刺小龍蝦，色香味俱全

雅芝竹番茄會有刺小龍蝦 (Langoestines) 是一個色、香、味的匯合。小龍蝦一稱特布連灣大蝦 (Dublin Bay Prawn)，蘇格蘭、意大利及法國南部的海域均有生產，肉質比一般大蝦幼嫩，質感頗類現時在香港流行的琵琶蝦。雅芝竹心嫩綠，番茄紅，配上半透明粉紅的蝦肉，自然清麗。蝦肉嫩而脆，不由感嘆粵廚總是強做手腳，把蝦肉既醃又沖，原味怎不破壞淨盡！

紫蘿蘭雪碧，何堪做作

主菜未上之前，有紫蘿蘭雪碧洗口腔。雪碧是盛在一個日本小茶壺蓋上，壺裏的是乾冰，從壺咀及壺旁邊，噴出裊裊輕煙，做作之極，無法看清雪碧的真貌，大打折扣。不審富來禮可曾抗議餐室設計這副矯扭的賣相？

鴿胸精巧，羊柳無懈可擊

我的主菜是燒鴿胸，伴以黃菌、鮮冬菇、小洋葱和薯仔加紅酒汁。鴿胸很嫩，汁液濃淡得宜，黃菌正是當時得令，幽香脆口，洋葱玲瓏小巧而鮮甜。他們的主菜分別為牛柳及羊柳。牛柳配炆比利時苦麥菜和牛骨髓，牛柳嫩滑異常，苦麥菜的滋味被渾厚的汁液調低了，顯得格外和諧。我不吃羊肉，外子則認為果真完美得無可

挑剔，香、脆、鮮、嫩兼而有之，是他吃到的最好羊柳，何況還配上新菜祖師范南鵬（Frenand Point）式的薯菜哩！

甜點精美

甜品是我的大忌，但聽說富來禮此次把製餅師傅也帶了來，明知不該也偏要故犯了。我們分嘗熱蘋果撻和紅果千層酥。蘋果混入干邑，焗透至香軟，襯着酥皮，暖暖的，入口甜糯。奶油夾在酥皮中間，兩旁伴以不同果醬，誘人垂涎欲滴。忽然醫生的告誡在耳邊響起來了，只好無奈地淺嘗即止。

離去時富來禮出來和我們握手道別，我們又讚又謝，還說希望他不久再來。

完美的晚餐

這是一頓非常完美的晚餐。個人一向喜歡吃廚子而不重吃館子，廚子燒的菜有性格，你可以細心地連他也一起欣賞。他的造詣、他的心思、他的誠意，都在他的菜內一露無遺；館子就算排場如何氣象萬千，就是欠了生命。

我很久沒有因飲食而這麼滿心歡喜過。但我不會認為吃了富來禮的菜就等於吃了白駒氏的菜。要知富來禮未加入白駒氏餐室之前，已是一位名廚，獲得「比利時第一廚師」、「法國名廚大獎」和其他多項名銜，自有他的一套，他與白駒氏，不過相輔相成，牡丹綠葉而已。可能我吃到的，一部分已是白駒氏菜式的變體。我以為從此心願可遂的想法實在是大錯特錯，我得的不是「其次」，而是一個十分寶貴而開心的飲食經驗。

請朋友夫婦比較一下在香港與在里昂吃到的白駒氏菜有何分別。他們說分別不大，異曲而同工。後來回心一想，可能他們在里昂吃到的，就是富來禮的手勢，只是在香港少了地方色彩和特別氣氛罷了——真是多此一問。

富來禮在希爾頓的創作套餐餐譜

東張西望話東西

（原文寫作於1991年12月，2001年11月修訂）

到奧利華（Oliver）買菜，順便買本當期的《美食家》（Epicure）雜誌，方知道Ken Hom（譚榮輝先生）將從美來港，在十月七日至十日，假麗晶酒店作一連四天的烹飪示範，學費每天二千元。以譚榮輝今日在國際食壇上如日中天的聲譽，能作為一個聽眾，親身去體驗這位大師如何藉着他的「東西食製」去發揮他的創意，實屬機不可失。於是立刻報名參加，但酒會及第一課已過，幸而還趕得上第二天的課。

《美食家》雜誌，在一九八九年面世，是香港唯一的英文飲食雜誌，內容、編撰及印刷俱臻上乘，圖片尤為精美。發行至今已由雙月刊改為月刊，對香港、歐美及世界各地的飲食均有深入的報道。流通量雖不太廣，但擁有不少名牌的廣告，雜誌無疑是高級消費取向，不是一本普羅大眾的讀物。

這次譚榮輝蒞港，是由《美食家》統籌辦理及推廣。半年前雜誌已特闢一以「譚思」為題之專欄（Hom Thoughts），由譚榮輝執筆，使香港讀者先行了解他的背景、他所創的「東西食製」和他對中西飲食文化的見地，準備功夫的確做足一百分。聽說第一天的酒會，香港的食經作家、食評家、烹飪家及中、西記者均有出席，場面熱鬧非常。

雖然我和譚榮輝同是在金山灣區內生活的，但素未謀

譚榮輝及作者攝
於麗晶廚房

91

面。我反而認識與他合著有關中菜烹調技巧的書的夏非史泰文Harvey Steinman。譚榮輝在芝加哥出生，自少便在他家族的餐館內工作，因此對中菜有一定的認識。他在柏克萊加省大學攻讀時，每當暑期便背着攝影機，在巴黎及法、意的大城市四處遨遊，與歐西飲食有密切的接觸；加上他讀的是歷史，對東西文化自然有較深的了解。

我一直都留意譚榮輝的發展動向。起初他走的是一般食譜作者的途徑，既寫又教，名聲逐漸樹立。八十年代初，他開始組織美食旅行團，帶領美國遊客回中國品嘗中菜，香港及東南亞也是他必經之地。他的中菜品味，自此擺脫了家庭式的「竹升」菜及美國式的中菜。

及得到了英國廣播公司的合約，在倫敦電視台作一系列的中菜烹飪示範後，他在國際上的地位由此奠定。他的《東西食譜》(East Meets West Cuisine) 更躋身英國暢銷書之列。

他說自己是個廚子、食譜及食經作家。在我來看，他的廚子身份，與一般職業廚子不同；他不曾在任何一家餐館任過職，也未開過店。難得的是，他不是科班出身，東西雙方的烹調經驗，純由自學與力行得來。他有很高的語言及文字能力，行筆流暢，辭藻雅潔，是個饒有分量的中國美食代言人。我個人就十分愛讀他的作品。他在電視上的示範，有條不紊，是位好老師。當然，他的閱歷和學問，助了他一大把，但實力之外還得要有運氣。我的朋友蘇恩潔，是倫敦大學歷史學博士，也是從事中國烹飪及著作的，在爭BBC的示範節目時，便輸了給譚榮輝。

那天的課，我學了些甚麼？很難說。燒中菜，我大概不用去上這課；燒西菜，又覺浮光掠影，摸不着邊際。無論從東的一方，或從西的一方去看，我可能因年紀關係，立場過份明顯，很易流於固執而失去客觀。他的菜，既東亦西，不東亦不西，而是東西飲食文化交流下的變體，是另外的一種東西。如何評價，則視乎個人了。

譚榮輝有很好的台風。他的表達力強，手勢乾淨俐落，這是他在電視上成功之處。可惜那天的菜單安排得不夠妥善，第一道的番茄香茅凍湯，與第二道的牛油豉汁海

譚榮輝在香港的街市買道地的材料

鮮，味道十分相近，湯和汁液都是以番茄為主，都需要把番茄去皮，擠籽，隔汁和切粒。兩道菜採用相同的處理步驟，本無不可，但學員付出了時間和學費，當然想多學一點不同的技術，也想多嘗不同味道的菜式。第三道菜原定是香炸乳鴿，結果改用了冰凍的泰臣雞，炸乾了且欠鮮味，海鮮也是急凍貨。如果作料是由麗晶廚房供給的，該記它一個大過。甜品是牛油焦糖馬蹄，怪兮兮的，我不習慣，不便置評。

第一課有十二個學員，我上的第二課有二十個。第三、四課因人數不足取消了。我是班上唯一純中國背景的聽眾，除簡而清自認「搭順風車」外，其餘俱是外國人或者在外國長大的中國人。大家無拘無束，談談笑笑過了一個上午，倒也寫意之至。午餐時譚榮輝輪流與學員同席交談，人蠻和氣的，也十分風趣。

學生們留心譚榮輝的示範

我是個如假包換的家庭「煮」婦，自己固然喜歡燒飯，也喜歡「睇」(看) 人燒飯，更喜歡「睇帶」(看烹飪錄像帶)。每年回美休假，一部份的時間會用在看嫂嫂為我錄下來的烹飪節目。上這一課，看得很開心，如果麗晶廚房的抽氣系統靜一些，那就更佳了。

那天起得很早，匆匆趕在八時十五分前報到。午餐時有人來講酒，大談香檳可以在任何場合飲用。講者當然代表贊助人，商業意味比專業意識濃厚。香檳「送飯」，全屬見仁見智，個人看法，在此全部保留。我不能飲用年份太新的酒，再加上香檳，每種略為沾唇，也覺撲朔迷離，不辨東西了。

回家途中，禁不住滿懷感慨，一種既失落而又迷惘的情緒困擾着我，久久不能去。

其實香港自開埠以來，一直是華洋混雜的飲食溫床。在英國統治之下，以粵菜為主幹的香港飲食，或多或少已受到西方的潛移默化，很早便有好些唐和番合的食製出現，「豉油西餐」就是香港的歷史、地理和人文的結晶。隨殖民地制度而來的印度人口，在香港飲食上添加了色彩。從鄰近的澳門，亦借來了葡國的風味。與南洋一帶的接觸，香辛的調味品在香港日漸生根。雖然粵菜仍是強勁的

主流，但香港人的開明和寬大的胸襟，輕易地包容了外來的衝擊，在不知不覺間，反映在一部分的食物上。

二次世界大戰，逃難南來的大批上海人士，興旺了原日在上海流行的俄式大菜，與正統的大酒店式西菜及豉油西餐鼎足而立。到了七十年代末期，香港的旅遊業帶動了豪華酒店紛紛建立，酒店內的高級西餐室競相從歐洲聘來法國名廚，各展身手。經過一段時期，這些廚子得到酒店內中廚的耳濡目染，很容易自創一格，燒出一些揉合中西的菜式。

在豪華酒店之外，泰國菜，越南菜，印尼菜，甚至緬甸菜，都在原本已是珠玉紛陳的香港食壇，大放異彩。近幾年的美食大賽，鼓勵青年廚師去尋找新意，作品之中，不少結合了日菜的造型，西方的烹調技巧及中菜的調味，所用作料則來自世界各地，而東南亞的香草和香料也備受重用。

譚榮輝（右）與酒店
的廚師在試味

在今日的香港，我們每天都會吃到不同品類、口味比較深厚複雜、東西交揉的食物。很多且夾雜在日常的飲食中，隨處可得，已與香港飲食文化密不可分。這種「東西」，是香港人的東西，不盡與譚榮輝的東西相同。他如何取東、西之精華，去其糟粕，完全是他個人的創建，而又得到英美的觀眾、飲食權威及讀者認同。至於一些香港的傳媒，推崇譚榮輝發揚光大了中國飲食文化這一點，我恕不同意。他推廣的只是自己的飲食哲學和藝術。

一九八八年五月他在半島酒店獻藝，我沒有嘗過。由他設計，從地面升了空的國泰航機菜以及在麗晶那頓午餐，我認為沒有代表性，不足以言優劣，何況口味因人而異，褒貶皆失之大雅。

那天每個學員都派得一本譚榮輝親筆簽名的《東西食譜》，我一口氣把全書讀完。文字流暢，生動有趣，每一道菜都有小引，分析東西所在，菜譜簡單清晰，比較適合外國人使用，但我個人仍然覺得缺少了甚麼東西。不論我對這種東西合璧菜饌的看法或許與眾有別，譚榮輝以美籍華人的身份，能在高手如林的國際飲食世界上佔一席位，顯然是我們中國人的光榮。

一個人的成功，絕不是僥倖得來。譚榮輝的努力、智慧和靈活的創意，十分值得我們景慕。以美食天堂自誇的香港，不是沒有粵菜，而是沒有像譚榮輝這種人材，肯窮半生之力，為一己之理想去奮鬥，把意念付諸言行，記諸典籍，而又身體力行，奔走四方，永不言倦。

二〇〇一年後記：九一年至今，轉眼十年，譚榮輝似乎漸漸淡出美國食壇，偶然見他在有線電視的「食品網絡」(Food Network) 上作嘉賓。在英國BBC電台，他有兩個烹飪節目：「譚榮輝中國烹飪」(Ken Hom's Chinese Cooking) 和「譚榮輝熱鑊」(Ken Hom's Hot Wok)。他還是倫敦十六家「黃河中餐館」的董事和顧問，他的著作在英國風行一時，顯然名成利就。

中式燴雜菜

卅年前當他還是個加省大學的學生，第一次背着攝影機到法國，便愛上了法國的食物和風土人情，希望有一天能在法國居住。一九七六年他在美國的《美食家》(Gourmet) 雜誌上讀到有一家姓Pebeyre的法國人，他寫信和他們連絡，去探訪了這家人，之後便經常有往來。結果他從巴黎搬到Catus這個小鎮，買下了一個古堡，做了這家人的鄰居，過其逍遙的寓公日子。

起先村民都不認識中國菜，譚榮輝到後常常燒中國菜款待他們，交結了不少朋友。Catus附近有個Cahors市場，是他常到的地方，他和魚販十分友善，常買到最新鮮的魚蝦，肉店的主人又會給他最好的鴨子和牛仔肉，採黑菌的老遠從Lot地區帶給他最上乘的貨色。村婦又會送來剛採的野菌或獵得的野味，食料的供應可謂應有盡有。

他和他的同伴住在這個古堡，養貓養狗，在園中種滿了香草和食用花。他的廚房是自己設計的，一方有火爐，爐旁的架上掛滿了法國的銅烹具，他的煮食爐也是十分考究的。廚房中央有一法國農莊式的古董松木長餐桌，在這裏他經常宴客，英國首相夫婦也是他的客人。他的藏書室收了三千本有關食物的書籍，最名貴的要算一本古籍是由法國烹飪大師Escoffier所著的《烹調藝術》(Art Culinair)，其餘大部分是中文的。酒窖藏美酒六千瓶，他更像其他的村人一樣，自己釀酒，現正與Pebeyre先生合作，寫一本有關黑菌的專書。

這種優悠生活，聽起來真吸引，也是很多廚子夢寐以求。譚榮輝已處半退休狀態，享受人生。而進取的甄文達依然幹勁十足，僕僕風塵於北美和亞洲，示範表演歷20多年不衰。兩人都是成功的中菜烹飪家，但各循不同的路向發展，生活的方式因而有如此差異。

譚榮輝名成利就

南和北合無分西東

（原文寫作於1991年12月，2001年8月修訂）

魚肉水餃

早些時參加了一家飲食雜誌的創刊十五週年紀念晚宴，有機會與難得晤面的文友交談，也認識了幾位心儀已久的飲食界前輩，外子和我都覺得十分快慰。

十五年是一個頗長的時間，在政治與科技瞬息萬變的時代，香港的飲食行業經歷了重大的改變。雖然一般市民的飲食方式因生活步伐加速而跟着適應，但基本的家庭膳食，仍然守着粵菜的傳統。外地來港的移民，也日被同化，香港式的飲食已與中國地方性的家鄉菜融匯在一起，難以追本溯源。再加上從外地引進的新作料，新烹調用具及方法，和職業廚子的新創意，香港人的飲食經驗在不斷的擴展下，口味也經常地轉換。

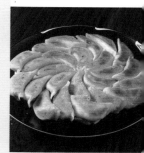

鍋貼

八十年代初期，掀起了一股飲食交流的熱風，中國各省的名廚分別來港獻藝，為香港的飲食打開了新的領域。標榜中國各大菜系的食肆，在粵菜以外，有獨立存在的，也有與粵菜共存，東西南北，共冶一爐。本來是廣東點心獨佔天下的茶市，也要讓一席位給北方的餃子、鍋貼、湯包、鍋餅等。際今工序繁難的蝦餃、粉果等細緻粵點，質素日降，而在茶市時的供應量漸見削減，粗料點心不絕如縷地充場，增加外省點心無形中給予茶客較多的選擇。

牛肉燒賣

小菜方面，最能見到南和北合的現象，款式較多之故。一般粵式筵席除了摻入西式的沙律作頭盤，芝士、牛

油焗釀的海鮮作大菜外，北京鴨、樟茶鴨也同時亮相。菜式的配搭已到中西南北不分軒輊的境地。高檔粵筵，用料日見豪奢，貴精而不重數量，從四熱葷五大菜加單尾的結構，改至一湯五菜的梅花席。

旅遊業的興旺也是刺激地方性菜式合併的主要因素。旅客來自四方八面，口味及偏好並不劃一，又為了適應外國旅客，南和北合的中菜外，多添了中西或西中合璧的中菜和西菜。總的來看，八十年代，是香港飲食百花齊放的輝煌年代。

當中國工藝菜第一次在香港出現時，反應不一。這組四川名廚跟着去美國表演，引來惡評如潮，最受非議的莫若帶頭的工藝冷盤，圍在旁邊的八小碟也不受恭維。在中國大陸嘗筵席，雖然旅客所付不菲，冷盤和小碟都難以下箸。十多年後，屢屢有人提出改革之議，但重形不重質的工藝菜，仍然矗立不移。

有個時期，香港一小部份的粵廚「秉承」了工藝菜的歪風，搞起了新派粵菜，熱鬧了一陣。很多受不起考驗的新菜式很快受到淘汰，能站得住腳，都是果有新意的。比較接近外省傳統的多式冷盤小碟，漸與粵式燒味拼盤並駕齊驅，全盒式、連轉盤的分格盛器，因此大行其道。幾家中國百貨公司都有紅木盤、青花瓷碟的組合出售。日式的五彩瓷盤更見瑰麗精緻，是家宴的好器皿。盤有大小，盤上的瓷碟數目從五（日式）至九不等，比起擺出一盤看菜為中心，實用得多了。

最近被邀作客，參加了一個頗不尋常的晚宴。主人家是中文大學校董冼為堅伉儷，酒家選在「海都」。冼先生盛意拳拳地解釋，說這酒家雖以粵式海鮮為主，但同時供應京、川、滬、杭各系地方菜，這樣大家可以在一頓飯內，可多嘗幾種不同風味的食物。主人真是設想週到。

前菜是六小碟：狗肚魚、燒雲腿、蝦子冬筍、素雞、五香牛肉和椒鹽基圍蝦。最特出的狗肚魚是一個粗料細做的精心之作。狗肚魚是街市常見的下價小魚，魚肚鼓鼓脹的，相貌極其不揚，難以引人注意。廚子將魚起出小條脊肉，掛上蛋清糊，在嫩油裏一拖，雪白的魚條，皮脆肉滑

反映上世紀八十年代
香港飲食百花齊放的
美食專著

98

嫩，別具風味。椒鹽基圍蝦去了部份的頭，連殼炸香，是在滬式油爆蝦及粵式椒鹽蝦之間的新品種，很好看也好吃。燒雲腿身軟了些，不算做得最好。冬筍、五香牛肉和素雞，不過不失，稍遜於高級上海館子的標準。

除了五香牛肉是微暖之外，其他的都是熱菜，比較迎合廣東人的口味。六碟小菜不一起盛在大盤，也不分盛在組合盤內，而是散置在轉盤四週，方便客人選擇。

主菜以粵式為主。白玉珧柱甫用蘿蔔改成環，嵌入了珧柱，是個饒有創意的好菜。蘿蔔耐火，不怕久燉變色，可以吸足珧柱的鮮味，比起用節瓜作環，因色而捨味勝多了。大良炒牛奶質感不對，頗類外省的賽螃蟹。海紅斑選料上乘，火候控制恰到好處。其他幾個菜如包翅、蒸貴妃蚌都不錯，惜上素的竹笙加了漂水，尚未沖淨，大煞風景。

押席的五小點值得一提。近年粵筵的席上點心，已開到荼蘼；要不是千篇一律，便是菜饌太多，食客過飽，大部分點心浪費掉了。這一席菜，不設飯麵及甜品，代之以三鹹點兩甜點，而且還是南和北合的。粉果皮薄，餡細濕潤。蟹粉小籠包多汁，惜皮欠軟糯。黃橋燒餅細小精緻，餅面滿佈芝麻，香脆酥鬆，餡內多葱，口感似酥餅多於似燒餅，確是一絕。桂花蓮蓉八寶飯是個突破，跳出了傳統的框框，與其說它是飯，倒不如稱之為夾餅：兩層糯米飯夾着蓮蓉成餅狀，兩面煎香，恰似塗了果醬的鍋巴，新奇有趣。粵式千層糕是一大敗筆，餡薄而一層層的包皮頗乾，以如此格調的酒家，不應有此劣品。

作為客人，吃完說長道短，豈非對主人不敬？絕不。我們大家十分領略主人的雅意隆情，不拘泥於傳統，特為我們安排這新意盎然的晚宴。

遇上這種場合，大學會為我們準備巴士，一大團人在車上高談闊論，好不高興。回程的時候大家都問我對這頓飯的意見。我素畏味精，多時避免吃帶湯汁的菜，一向都說不敢置評，以致給人一個專事挑剔的印象。但這晚主人在旁殷勤勸菜，在儀節上，豈敢造次，所以從頭吃到尾。我告訴大家，這頓飯很「別緻」。一眾嘩然！矛頭直指過來，說我終算有說好話的一天。

白玉珧柱甫

海都酒家

大家問黃橋燒餅很好吃，為甚麼叫黃橋？我說燒餅應該是北方糕點，常見於中國出版的食譜上，一時記不清出處，很易查出來的。

一踏進家門，翻開《中國小吃》—「江蘇風味」，即查得黃橋燒餅的來源。黃橋鎮位於江蘇泰興縣，一九四零年，黃橋之役解放軍打了勝仗，黃橋人民做了當地馳名的燒餅去勞軍，而且還有一首黃橋燒餅歌留傳至今。

一套多本的《中國小吃》

細讀菜譜和插圖，原來的黃橋燒餅作料簡單，算是家常的小食，與北方的葱油燒餅相類，但餅皮是用老酵麵去包葱花豬油酥，因此酥皮有咬感，一般酥皮只用水油皮包油酥心而已。黃橋式燒餅，經過數十年，演變成精細的點心，有些還加入火腿，也有甜餡的。

今日黃橋的人，吃到精製的黃橋燒餅，可能已不復辨識本家的土產。枳也可逾淮為橘，黃橋燒餅來到香港的粵筵上，變了幾許，除了黃橋的人，誰敢說它是否正宗。反正燒餅很好吃，何必拘泥一個名字！打出了黃橋的名堂，徒招物議。同樣，大良炒牛奶也好，賽螃蟹也好，甚至稱之為甚麼白雪芙蓉的，只要是好菜，誰也懶得去尋其所宗了。

在同一個食肆內，地方菜系的多元化勢成必然。除了頑固的老食究仍會斤斤計較某一菜式的出處外，將來在香港，一定會見到地方菜系的分界日益模糊，東西南北，打成一片。就以今日美心集團所屬的各家地方菜館，為了遷就香港人的口味，一部份的地道菜式，已經港化。財雄勢大的飲食集團尚且要作出如斯適應，以粵菜為主而又標榜其他地方菜的食肆，若想不離宗背道，真要多下些功夫。

其實在海外的中國菜館，早就南北不分，來自四方八面的華人都可以在一家菜館內找到接近自己家鄉口味的食製。洛杉磯有一家甚負盛名的中菜館叫『穿月經楊閣』，主人是台灣名重一時的影壇紅人唐書璇女士。這麼高雅的名字，出自何經何典？素欠文學修養的我實一竅不通，笑對外子說：「你多唸幾遍穿月經楊，自有分曉。」

讀者不妨試唸一下，穿月經楊，穿月經楊，穿月經楊，自然會變成「川粵京揚」了。

路漫漫其修遠兮

（原文寫作於1992年2月，2002年4月修訂）

假期前認識了一班喜歡燒飯的專業人士。在這重食輕煮的「美食天堂」中，在緊張生活之餘，總算還有人不嫌其煩，肯親自下廚治饌，與一眾朋友分享。可惜我們留港的日子有限，大有相逢恨晚之嘆。

要找講食的朋友容易，要結交識食而又肯煮的同道便難了。我常對外子說，染上了燒菜這個惡習，在香港實在交不到朋友，形單影隻，寂寞得很。十三年就一幌過了去，再沒膽子燒飯請客，等閒絕不敢打擾人。又因對味精極度敏感，在家廚以外請客或被請，都同樣為難。在一年又盡之際，回望這段香江歲月，真個不勝唏噓！

不斷進修的甄文達

這班朋友中，有藥商，有醫生，有畫家，有製造商，有設計師，也有政府官員，他們不常碰面，但遇有特別機會，立刻組織起來，一呼眾諾，便品食去也。邀請我們的一對夫婦，只有一面之緣，太太是畫家，擅燒川菜，曾遠道赴成都拜師學藝，先生經營西藥，對煮和食同樣有興趣。那晚的聚會，是為了品嘗來港獻藝、據說曾為鄧小平及楊尚昆燒菜的名廚的川菜。

席間所談，無非烹調與美食。每上一道菜，大家仔細分析，各抒己見，那份熱忱，絕非時下的奢食家可比。難得的是，大家本着以食會友的心情，毫無拘束過一個晚上，輕鬆之至。

當然少不免談到最近備受香港人注意的兩位華裔廚子。朋友讀到我聽完譚榮輝的課後，對他的「東西菜」所寫的感想，覺得我語多隱晦，客氣有餘而坦率不足，大不以為然。

　　在新相識之前，真不知要怎樣解釋纔好。作為一個聽課生，要說的我都說了，或者不需要太含蓄，但外子是個純樸的讀書人，時常誡我說話應存忠厚，事事嚴加批評豈非以權威自視？所以有些如骨梗在喉的話，只好留給香港的食評家、美食家、烹調專家發揮了。

　　聖誕日與幾位美國婦女會（AWA）的朋友共敍佳節，她們都跟過譚榮輝上街市的，眾口同聲說她們喜歡甄文達（Martin Yan）多些。

　　甄文達是誰？十月份亞洲國際台一連四個期四晚上九時有他的中菜烹飪Yan Can Cook示範節目。以甄文達在金山灣區受歡迎的程度而言，在香港四個星期便「落畫」，不知是否因片約關係，抑或因時間安排有問題，致令很多知道有甄文達其人的都感到奇怪。反而譚榮輝人強馬壯，有《美食家》雜誌做後台，和香港公器的支持，雖然聽課人數強差人意，但也算風光體面地打個完場。

　　甄文達本是香港人，赴美在加省大學戴維斯分校攻讀生物化學。獲碩士後回港，他在淘化大同工作過一段時期，而且還在早期的《飲食世界》寫過稿，之後輾轉去了加拿大，開始他在電視上的中菜示範節目。大概在十年前，三藩市的教育電視台KQED，每星期六早上都有甄文達的中菜示範，備受觀眾觀迎，歷久不衰。

　　KQED是由觀眾贊助的非牟利電視台，節目富教育性，在金山灣區有崇高的地位。甄文達的Yan Can Cook節目是現場直播，時常座無虛席，外國觀眾往往被他逗得頓足大笑，開心之極。家庭觀眾亦樂得在自己的廚房內，看着電視上的甄文達，笑個人仰馬翻。我的兩個寶貝孫子就是他的忠實擁躉。目前甄文達是加省華人老中青小四代的開心果。

中菜示範，有甚麼好笑的？

　　在亞視轉播的甄文達節目，香港觀眾也許會覺得他這

種三腳貓招式，無甚看頭。他燒的不過是最基本的中式家庭菜，不能再簡單的了。在以中菜為本的香港社會，很多人（連香港的外國人）都會燒他那種菜，不過他未曾誇下海量大口，說自己的菜怎麼了不起，而只喊他的口號：「如果我老甄燒得到，那你亦可以燒得到。」Yan can cook, so can you.) 這麼一來，外國觀眾不會被繁瑣的中菜準備功夫嚇怕，很容易引起興趣，便在家試做起來。而他的食譜因為有電視節目的支持，銷路頗廣。

甄文達不以大師自居，甘心樂意扮演一個小人物去接近他的觀眾。他那口「竹升英文」，和那土頭土腦的模樣，十足一個大傻瓜，偶然演三兩下散手，有意無意怪態百出，觀眾捧腹大笑之際，他卻煞有介事地燒他的菜。有時他簡直一意胡鬧到底，令人發噱不禁。但即使他如何搞笑，他燒的是有板有眼的中國菜，而且用很少的油，也甚少煎炸，是屬於健康清淡一派，正正迎合美國現代人的口味。

我們可以說甄文達是個表演者，他在飲食舞台上扮演的是個「棟篤企」諧角，他滑稽，他搞笑，討人歡喜。他也教人燒菜；燒平鋪直敘、絕無花巧的中式家庭小菜。他給人的印象是：他不偉大，是個普通人，做的是普通人做得到的事。唯其如此，他無形中叫人看他這麼毛手毛腳，也可燒出菜來，只要肯試，人人都可燒出好中菜的。這就是他的訊息。

恐怕這就是甄文達自選的途徑：從平凡中求突出。不識甄文達的，很容易被他誤導，以為他是個如假包換的唐人土包，連英文也說不清，中文也不懂，兩頭不通的「竹升」。其實在私底下，他說流利的英文；示範時的口音是故作的。他當然看得懂中文，也能寫，是兩頭皆通的中國人。他不賣弄才華，不涯岸自高，有中國人的好德性。不要以為他真是一塌胡塗；他的一舉手，一投足，都是有計劃的排練，他的示範，也是十分有條理的，加些笑料進去，又何傷乎大雅！

看似沒有大志的甄文達，實在比氣勢如虹的譚榮輝輕鬆得多了。一個是愉快平和，知足常樂。一個是疏狂自得，旗幟鮮明，以溝通並結合中西飲食文化為己任。抱負

不同，口號各異。兩人相同的地方，俱在於捨棄所學而入了中國烹飪這一門，只是譚榮輝有BBC的地盤，曝光度大，知名度也較甄文達高。當然，一個美國大城市的教育電視台，自難與國際性的電視台可比。

甄文達仍是歡天喜地，在南灣區設館授徒，近來也兼教一些西味中菜。在今日加省複雜的飲食環境之下，揉合中西口味是無可避免的了。畢竟，出中入西易，由西入中難。以譚榮輝的出身、教育背景以及對中菜的體驗，要深入了解中國飲食文化，文字上一定有不少的障礙，單靠二手資料是不夠的。

抱大志的大師不易為，目標定高了難以下來。任重而道遠的譚榮輝，非繼續上下求索不可。日後止於何許，容待觀之。

我也像美國婦女會的朋友一樣，喜歡那個恬淡快樂的烹飪諧星甄文達。

二〇〇二年四月後記：自甄文達在一九九一年底首次亮相香港以後，知名度如日中天。現時世界上有一百二十多個國家播放他的節目，尤以近期的「亞洲美食」(The Best of Asia) 和「中華美食」(The Best of China) 兩個節目最受歡迎。他運刀如飛的手法眾口交譽，他的節目已脫離了純示範方式，而加插了旅遊和文化，使外國人對亞洲飲食文化有較深的認識。而譚榮輝呢？只在有線電視與其他人聯合主持一個東西烹飪的節目，看來無復當年在BBC時之銳氣，且垂垂老矣。甄文達仍然生氣勃勃，歡天喜地，風趣十足。作為旁觀者，不無感慨。

從樟茶鴨說到煙燻

（原文寫作於1995年12月，2002年3月修訂）

　　本年九月，舊金山公眾電視台推出甄文達的中國烹飪新節目。在每次半小時的節目中，他約略介紹中國不同菜系的地理環境、歷史背景和飲食風俗，並示範兩三個與此菜系有關的菜饌烹調法。惜限於時間，節目未能對中國文化作較深入的探討，觀眾只能走馬看花似的，稍縱即逝。可幸所作介紹，大部分在中國實地拍攝，而甄文達又穿插其間，噱頭百出，趣味盎然，頗有可觀之處，這比他向來以示範為主的手法，確是跨出了一大步。

　　最近看到他講四川菜的一集，甄氏少不免提到膾炙人口的樟茶鴨。示範時他教人怎樣在美式廚房內做煙燻雞腿和用茶汁煮飯，我看了頓時有感於中，連帶想到那些根深蒂固、阻礙中菜發展的傳統觀念和許許多多與潮流相悖逆的烹調手法。

　　記得一九九二年我和外子在四川成都逗留了十天，只見鴨子專門店遍佈全市，獨沽一味樟茶鴨。店子招牌多以店主的姓氏為名，諸如王鴨子、陳鴨子等等。在筵席上，樟茶鴨要不是九色拼盤之一便是大菜，都是斬件上，用荷葉餅夾着吃，皮酥肉嫩，帶樟木和茶葉的香味，色澤金紅，不愧為名菜。一般市民欲嘗樟茶鴨，可以買回家，毫不費力。

樟茶鴨工序費時

樟茶鴨絕對不是家常菜式，工序繁而費時，要經過醃、燻、蒸、炸四個步驟，故又稱「四製」鴨子。若醃好鴨子後放入開水內一燙方去蒸，那更是「五製」了。顧名思義，樟茶鴨是用樟樹的木和樟木的鋸屑，加茶葉和糖去燻的。作為下廚人，我敢說今日難得有人具此能耐，肯不嫌其煩地在家中做一個如此這般的鴨子菜。只要一想到燻鴨時弄得整個廚房煙斜霧橫，久久不散，最強力的抽油煙機也無濟於事，便提不起勁了。不用說燻後還得去蒸，蒸後要吊乾方能炸。鴨子體積大，需用較大的鑊和大量的油方能炸脆。若再想到鴨子下鑊時那種熱油四濺、有聲有色、千鈞一髮的驚險鏡頭，真是不吃也罷。還有，清洗廚房一點不好玩哩！想食樟茶鴨，尤其在海外，還是光顧菜館好了。

海外中菜館的樟茶鴨，說不定是走捷徑的燻鴨，更有甚者，可能是人工煙液塗皮的炸鴨子。要吃正宗的樟茶鴨，真是談何容易！時、地、人已大異曩昔，若抱殘守缺，堅持要起碼經四層工序、用樟樹葉去燻的鴨子才算是樟茶鴨子，那就太不近常情了。儘管食家、食評家有很多話要說，但親自下廚的人，不能妄顧現實。

有人或問：川式樟茶鴨子是否只有這一個做法？當然是的，否則便不能稱做樟茶鴨了。但，果真沒有其他可行的方法嗎？我認為總有辦法的，只要不太執着要正名，變通一下，雖不中亦不遠矣。

若求正宗，無論在原材料、烹調、供食方式都有一定的規限，缺一不可。離開了原產地，情況自然不同。用作樟茶鴨的鴨子，四川人稱之為子鴨(廣東的米鴨也比不上它)，個子小而肉嫩，醃料較易入味。若換了在美國，做樟茶鴨用的(北京種)鴨子，起碼重五六磅，沒有四川子鴨那麼嫩。何況醃鴨時除了用上好的川花椒，尚要擦入硝鹽，鴨肉的顏色方夠紅。好川椒固難求，用硝鹽也有礙衛生(據醫學及營養學家的研究，發現硝鹽含致癌物質，多食有害)，第一個步驟已有問題。說到燻，在不產樟木的地方，便要找代用品了。戶外燒烤是美國的飲食文化，為

樟茶鴨子

要增加煙香味，美國人喜歡放些山核桃木碎（hickery chips）進炭火去，烤好的食物便帶有山核桃木的煙香味。仿效一下，以山核桃木代替樟木，有何不可？又若我們把工序的先後調動一下，醃後去蒸，蒸好把鴨子吊乾才去燻，減去「炸」這一步，便成「三製」茶燻鴨子了。誠然，鴨皮不脆是一個缺點。反正醃料不對，鴨子不對，燻料也不對，與其不做，倒不如「改」個做法，總比塗煙燻水去掩人耳目，正派得多。

改良煙燻法

甄文達的燻雞腿，是化整為零，順應海外華裔的生活情況，經過改良的做法。他用的是雞上腿，先用刀分開雞腿肉和中間的柱骨，放在調味料內醃一下，兩面煎至八成熟。為了方便煙燻，他把鑊和鑊蓋都用鋁紙包好，便可免去燻後洗擦之苦。他採用米、茶葉、山核桃木屑和黃糖作燻料，鋪在墊好鋁紙的鑊內，上放鋼架，架上置雞塊，加蓋燻十五分鐘左右便成。這道燻雞，與樟茶鴨的味道十分相似。但受着鑊的大小所限，一次最多只可燻七八塊。如想大批燻製，便非得在戶外煙燻不可了。

川式燻魚

現時美國的戶外燒烤爐，式樣甚多，大小不一，燒炭的最正統，近年更有用石油氣的整台烤爐，不用燒炭生火，一點即着，十分方便，但價格比炭爐貴得多。還有一種燒炭的蒙古式烤爐，可以把整隻鴨子掛在爐內。更有一種專用以煙燻的烤爐，內裏有格，一次過可以煙燻多量的食物。

用調味料先把雞塊醃好。不論用何種烤爐，當爐火燒旺後，把炭塊撥向四週，留空中央，放下一個小鋁盤，內盛有米、茶葉和浸過水的山核桃木，加上烤架，架上排醃好之雞塊，蓋好燻至九成熟時方撒下黃糖，繼續燻至雞熟為止。戶外燻雞，味道與質感俱佳，而且不必經過煎的工序，是效率高而省事的燻法，更不用擔心清洗廚房。若說到小量燻製，那就非鑊燻莫屬了。

我並非在此批評甄文達的做法不夠正宗，而是認為這是大勢所趨，非求變不可。甄文達看來十分滑稽，但卻是位謙恭的君子，常常對資深的廚師聲稱自己的功夫及不上

他們，他所示範的菜式，只求人人能做而已。他用很少量的油去炒，罕用泡嫩油的手法，亦甚少煎炸，完全符合現時美國人提倡少食肉類和脂肪，多食蔬果穀麥的膳食方式。際今中菜館在美國受到「公益科學中心」的刻意批評，我們大力推廣衛生的家常中菜做法，是個很有力的回應。

十月份舊金山中文第二十六號電視台，推出甄文達的粵語烹調節目。這個節目因由多個商業機構贊助，所用作料及廚具，少不免帶上推銷的色彩，比起他在不牟利的教育電視台上的作風，另有一番面目。他每次邀請一位金山灣區的名廚，親身表演自己的拿手菜式，然後方進行示範。這是中文電視台自行製作烹飪節目的創舉，我們廣東人真是幸運了。

甄文達的電視節目

名廚的手法，的確不同凡響。泡油拋鑊，有板有眼，成品光亮油潤，連香味也似從熒光幕傳出來，觀眾簡直看得垂涎三丈，同時也看到我們這種傳統的泡油拋鑊技術，用油之多，難怪美國人要大加撻伐。寬油旺火，無疑是中菜的一貫法門，但時移世易，不能不應變以求存。若墨守繩法不知改進，只知行內惡性競爭，中菜館的生意怎不每下愈況，被越南菜及泰國菜迎頭趕上了。

閱報知甄文達在港為他在有線電視台的烹飪節目重播作宣傳，由吳耀漢配上廣東話。甄文達的節目在世界76個國家，都是以英語播放。以他運刀如飛，妙語連珠，更擅用英文雙關語 (puns)，時時惹得滿堂大笑。他的廣東話「美鑊飄香」節目，就少了這份趣味。不知吳耀漢是否勝任愉快，能否把甄文達演繹活了？

燻魚味佳

話又說回來，其實我十分喜歡吃煙燻的東西。小時在廣州河南的老家，每屆歲末，是佛山鄉下魚塘「乾塘」(收成之謂) 的時節，網到魚後耕人便會留出一部分鯪魚自用，立刻把魚整條用鹽醃好，即日從佛山帶到廣州。家中的老用人早已準備好油鑊，把鯪魚稍炸香，便放在置於花園中的燻鑊的架上。架下排滿一片片的甘蔗，蔗上有炒香的米和茶葉，加蓋燻至魚身顏色金黃，即燻即吃風味最

佳。經過煙燻的魚肉質地較結，魚皮微甜而帶茶煙的香，真是百吃不厭。

回港定居後，常會做些煙燻菜。因有菲傭，就算廚房被我燻得烏煙瘴氣，也有菲傭包辦善後。宴客時賣弄一下花燻，不是用桂花便用玫瑰花，或是茉莉花，名堂可真多哩！回到美國，樣事親力親為，加上年紀大了，早已無此魄力宴客。最近重行改建廚房，把以前特別為教菜的設計，改成以便利日常烹調為主，連一隻特別安裝在廚櫃內的中式煤氣炒鑊也送了給一個非常喜歡燒菜的學生。煎炸兩門，早不過問矣。

剛讀歐陽紉漸談到鑊氣與環保的文章，發人深省。歐陽女士教菜時能摒棄大油大火的傳統烹調法，實有獨到之見。今日的廚房已日趨現代化，家居的清潔，與飲食衛生息息相關，能作口福之犧牲，未必無益也。

桂花燻魚

名師的高徒

（原文寫作於1997年2月，2002年4月修訂）

去年夏天，千辛萬苦節食四個月，纔減去體重十磅。但外子返港講課期近，我一直擔心回港後生活環境轉變，體重難以維持，日夕搜索枯腸，仍一無善法。

幸而聯合書院早便為我們在職員宿舍安排好住處，以前來當散工的亞嫦又回來幫忙，把寄存的爛家當打開，收拾一下，就是一個臨時的家了。有亞嫦買菜，三餐不愁，再趕到香港賽馬會辦好恢復會籍的手續，天天上沙田會所運動和游泳，日子過得十分寫意。但兩年沒有回港，朋友相會總是免不了，遇有飯約，一定會向主人請求特別為我準備一碗白水湯麵、一盤鹽油菜，就算珍饈當前也不敢輕舉妄動。老實說，增磅還是其次，吃了味精當場發作纔丟人哩！

盧布松式生菜忌廉湯

兩個月就此過去，回家期近，一對夫婦朋友盛意拳拳，一定要請我們吃飯，中西任擇。這幾年來我們兩對常常一起四處「搵食」，各自吃過好的也互相推薦。他們是香港、溫哥華兩棲，三個孩子都住在不同的地方，所以不停飛來飛去，只要有好吃的，他們絕不辭跋涉。早幾年我們介紹了瑞士的芝或第（Giradet）他們不顧千里迢迢，也專程前往，一快朵頤。這次剛巧我們大家都讀到《明報》古鎮煌的專欄，多次推許港島香格里拉酒店施殊（Petrus）餐室的新廚師亞倫、福所瑞理（Alain Verceroli），方知道廚師亞

倫原來師承三大世紀廚師之一的盧布松（Joel Robuchon）。一九九二年我們一家小住巴黎，七月時無法訂到盧布松的「嘉名」（Jamin）餐室的位子，八月餐室又休假，失望而回。想不到盧布松在去年八月，一過了五十一歲生日突然宣告退休，「嘉名」由他人接管，副廚星散。亞倫受Petrus餐室禮聘，九月從巴黎來港履新。這個消息對我們來説，實是一個退而求其次的好機會，湊巧我女兒一家三口又從美來港度假，朋友也請了他們，在我們離港前一晚，賓主一行九人欣然前往。

因為回美在即，就算放肆一下又何妨！所以那晚我的心情特別輕鬆。施殊餐室位在香格里拉酒店頂樓，我們佔了一張在落地大窗前的大圓桌，放眼窗外，整個維多利亞海港一覽無遺，聖誕燈飾璀璨，而餐室內部的情調，早已有口皆碑，確是名不虛傳。高高的天花板，疏落的餐桌，令人覺得開豁神怡。絲絨幃幔，法式古典傢具，桌上擺着清麗的鮮花，冷描素（Limoges）餐具，幾是朵芙（Christofle）銀器，通透的水晶杯，還有笑容可掬、招呼週到的侍應，見識廣博的酒博士。在如斯情景下良友相聚，已屬難得，更何況美食當前，夫復何求！就算法國的三星餐室，氣氛尚欠一籌。

本來我只想點一盤煎鴨肝，加一個沙律或湯便夠了。但主人覺得廚子的首本「淺嘗套餐」不應錯過，而且餐室也依法國大餐室的規矩，若要套餐，整檯客人每位都要點食，不能散點，因為這會影響上菜的程序，所以我只好服從多數了。這個套餐有八道菜，外加廚子在餐前贈送的小食，一共九道。雖説每道菜的分量不大，完全合乎淺嘗的原則，但在個人條件諸多限制之下，我真的只能淺嘗即止，難免辜負主人家的盛情。

餐酒方面，由外子來選：Meursault 1992白酒和Chateau Giscours 1986（Magnum）紅酒。

小食是鴨肝醬，盛在一個精緻小巧的瓷盅內，附烤多士，做得很幼滑，香醇甘腴，惜我覺香料味稍濃，怕引起敏感，只吃了一大半，確是暴殄天物。

第一道是冷菜，去骨鵪鶉脯包鵝肝粒裹一層似焦糖樣

MENU

PRALINE DE POITRINE DE CAILLE AU FOIE GRAS,
CAVIAR D'AUBERGINE A LA FLEUR DE THYM
Quail and gooseliver praline served with
an eggplant compote flavoures with thyme
* * *
CREME DE LAITUE A LA MUSCADE SUR UN FLAN D'OIGNON
Lettuce cream scented with nutmeg
served on an onion flan
* * *
COQUILLES SAINT-JACQUES A LA CREME
DE CHOUX AUX TRUFFES NOIRES
Sauteed scallops accompanied by
truffled potato puree and creamed cabbage
* * *
NAGE DE HOMARD AU JUS DE CAROTTE A L'ORANGE
Poached lobster in light carrot stock
scented with orange
* * *
DINDE DE NOEL FARCIE A LA SAUGE,
CHOUX DE BRUXELLES ET SAUCE AUX ABATTIS
Roast Christmas turkey, savory stuffing,
Brussels sprouts and giblet sauce
OU/ne
MEDAILLONS DE CHEVREUIL SAUCE POIRE ET EPICES
LEGUMES D'HIVER POELES ET GALETTE
DE POMMES DE TERRE AU CELERI
Sauteed medallions of venison
served with spicy pear sauce winter vegetables
and potato celery galette
* * *
FROMAGES DE LA FERME CENERI
Ceneri selection of Cheese
* * *
BONHOMME DE NEIGE GLACE
Frosted snowman
* * *
MOCCA
Coffee or tea

111

的啫喱凍伴以百里香茄子。鵪鶉嫌硬了些，與軟嫩的鵝肝似不相配，但茄子意外地非常出色。

第二道的蒸嫩蛋生菜忌廉湯，是名聞遐邇的盧布松招牌菜。原本的做法是分別先在高腳湯盅內蒸好嫩蛋，再加上生菜茸湯，該是名不虛傳的一道好菜。但問題出在懼怕某些香料的「我」，一入口便嚐到荳蔻的香味，印象大打折扣，同時我又發覺嫩蛋不像是原盅蒸的，想是整盤蒸後分盛入盅內，而且蒸得太嫩，像蛋糕一樣。不過嫩綠的生菜湯，盛在有淡綠圖案邊的湯杯內，清雅有緻，但還算可口。

第三道是煎帶子配上黑菌薯茸和奶油椰菜。帶子煎得恰到好處，外香內嫩，伴碟的奶油椰菜也軟滑，薯茸本是盧布松的拿手好戲，但亞倫切馬鈴薯成小塊狀煮軟，與黑菌拌在一起，雖說賓強主弱，配搭起來別有一番風味。

第四道是橙味紅蘿蔔湯浸龍蝦。紅蘿蔔湯甜中微帶橙香，龍蝦爽而嫩，鮮美無倫，是整個套餐中可圈可點的最佳菜式。

Petrus餐廳

第五道是主菜，火雞，鹿柳任選一種。我們一半人既不喜火雞也不喜鹿柳，特別要求白鴿，其他的人選鹿柳。我們的白鴿，皮脆肉多汁，火候控制得宜，紅酒汁液香濃，無懈可擊。但選鹿柳的便嫌過熟了，還是我們夠運氣。

此外還有乳酪、甜品和咖啡。乳酪有頗多的選擇。甜品是個很可愛的雪糕做的小雪人，澆上朱古力汁作裝飾，賣相及食味俱佳。

大體說來，除了那道冷菜，似有改善的必要外，那所謂名湯，也因個人的口味而評價不同，其他都臻上乘，龍蝦一菜尤為特出。盧布松自己也說，十全十美的飯餐根本並不存在，完全在乎廚子燒菜時的靈感，心境的好壞，與及食客有否良朋同聚，缺一不可。果然良友是構成完美的主要條件。當時或許毫不領會，過後回味，方知這頓飯的意義。真的，朋友的摯誠，家人來相會，把酒言歡之餘，大醇中的小瑕疵，又何足介懷哉！

三大世紀廚師：芝或第做的菜，在他餐室吃過了；代表白駒氏 (Paul Bocuse) 一九九〇年來香港希爾頓酒店表演的富來禮 (Jean Fluery) 的菜也吃到了；盧布松副手的菜，這次也品嘗過了。我對朋友說，如今大願終償了。芝或第已於一九九六年底退休，白駒氏早就不問廚事，銳意營商，盧布松致力著作‧而法國的三星餐室，因成本過高，相繼結業，以前在巴黎有二十多家，現只存十八家，高檔飲食，漸陷困境。反而小餐室 (bistro) 日見興旺，法國食壇前景如何，仍未明朗，香港的食客卻有口福，不時享受法國大師高徒的傑作。亞倫在港獨當一面，雖仍沿襲師傅一些名菜，但亦有意自創一格。他對中國作料頗有興趣，可能會打出一個新局面也未可料哩！

左宗棠雞與「譚廚」

（原文寫作於1997年6月，2001年12月修訂）

自一九九六年九月我和外子在互聯網絡上的「A線路」展開我們的食品單元網頁「Pearl & TC's Kitchen（相等於珠璣小館）」後，入網來訪的客人漸多，編輯特闢了一個問答設備，任人提問有關亞洲飲食的問題。但有些人問得十分籠統，簡直不知何指，實是無從作答。例如：請給我「台灣雞」的食譜。我們只能請這位訪客供給較詳細的資料，纔能知道問的是甚麼。一些可答的問題，我們都盡力答了。本來有很多登在拙作《漢饌》上的現成食譜，可以應用，但因版權在出版商之手，就算作者，也要獲出版商同意方能轉載。若每答一問，便要改寫食譜，重新試菜，豈不費時失事！最近有人想要「左（宗棠）將軍雞」的食譜，無端逼我做了一番考據。

湖南菜所以在美西灣區盛行，倒也有一段故事。七十年代中期，在舊金山唐人街，有一家小型中餐館，主廚是三位湖南太太，她們的丈夫都是國民黨時代的外交人物，來到美國無所是事，就讓太太們開個店子，專賣地道湖南菜，他們則幫忙店務。那時中餐館仍由雜碎式粵菜主導，京、滬菜館寥寥無幾，川菜尚未露頭角，有這麼一家別開生面的湖南菜館，大家都爭着去試。這家「湖南小館」確是小得可憐，只有六七張桌子，爐灶也要設在店內，與客人只隔着一個櫃面，人人可見。又因由女性掌廚，限於體力，營業時間頗短。但幾位太太的菜式都很地道，大受中

漢饌封面

西食客歡迎。紐約《紐約人》(New Yorker) 雜誌的食評家在他的專欄內大為吹捧，評小館為最佳中菜館，全美食壇為之震驚。經此品題，每晚食客在店外大排長龍，門限為穿。我們也去過湊熱鬧，品嘗到該店的招牌菜辣子雞丁和湖南臘肉炒菜，風味甚佳，但似未見有「左將軍雞」這個菜。

後來我們返港定居，再沒有留意「湖南小館」的發展。聞說不久遷址擴張，太太們都先後退休，店子數易其手，已無復昔日之盛況。一九八二、一九八三年暑假，因為食譜在紐約出版，我們便從香港到紐約暫住。當時湖南菜正是紅極一時，來自台灣、有湖南「譚廚」傳人之譽的彭長貴師傅開了一家叫「彭園」的湖南菜館子，生意興旺，著名的菜式有富貴火腿、竹節鴿盅、和標榜譚延闓家廚的菜式如畏公魚翅、畏公豆腐、辣子雞丁等等。左宗棠雞 (又稱將軍雞或左公雞) 就在此時出現，其他的中餐館爭相效尤。

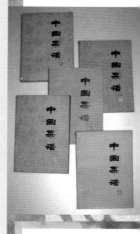

中國財政經濟出版社出版的一套中國菜譜

印象中，左宗棠雞與宮保雞丁無大差別，只是少了面上的炸花生 (但正宗的宮保雞丁亦無花生)，多了糖醋。左宗棠雞與正宗的湖南辣子雞丁的分別是前者配乾辣椒，而後者用的是生辣椒。這兩道菜都是以雞為主料，辣椒為配料，烹調方法都是先將雞肉泡油，然後爆香辣椒，雞肉回鍋，加芡上碟。但現時在美國和台灣流行的左宗棠雞有很多做法，很難斷定何者為正宗。筆者查閱好幾本在台灣出版的食譜，有用雞胸肉，有用雞腿肉，更有用整雞肉，也有連骨斬件的；有人上粉炸透加芡，有人先泡油後炒，又有人主張用一般炒法，不一而足。美國加州灣區一家餐館「喜福居」的主人朱鎮中寫了一本食譜，裏面便有左宗棠雞的做法，且說一百年前左宗棠將軍已烹製這菜。但十分奇怪，中國財政經濟出版社的《中國菜譜——湖南》、湖南科學技術出版社的《湘菜雜錦》以及幾本中國飲食辭典內都找不到以左宗棠為名的雞菜。原因為何，頗令人尋味。香港幾本在七十年代末期出版的大型中菜食譜都不見有左宗棠雞這個菜。也曾在聯交所專賣湖南菜的「湘江春」吃過一道十分近似現時在美國吃到的左宗棠雞的菜，惜當時沒有特別留意，不知是否以此為名。

這樣，誰是這道菜的始創人？與「譚廚」又有甚麼關係？

驟聽起來，很多人都會誤會「譚廚」就是中國北京飯店內的「譚家菜」，其實兩者完全沒有關係。「譚家菜」是廣東菜，是百粵名士譚篆青老先生旅居北平時其如夫人所做的菜。「譚廚」是湖南菜，是湖南茶陵譚延闓先生在世時其廚子所做的菜。譚延闓先生（1876-1930）係清末進士，授翰林院編修，辛亥革命後，先後曾任國民政府主席及行政院院長，一生精研飲食，品味極高，善飲好客。其先人譚文勤公曾在廣州做官，深諳粵菜真髓，是故幾位由譚家訓練出來的廚師如曹四（曹藎臣）及其弟曹九，都擅烹粵菜，做魚翅尤其拿手。延闓先生逝世後，曹四返湘，自設「健樂園」，聲名大噪，所供以前譚家的名菜都冠以「畏公」或「組庵」二字，蓋譚延闓又名無畏，字組庵也。直至一九九一年中國財政經濟出版社與香港飲食天地出版社聯合出版的《中國名菜精華》內，湖南菜部分方有以組庵為名的組庵魚翅，組庵豆腐兩道菜的菜譜。

《中國名菜精華》封面

今日凡以湘菜為號召的廚子，莫不自認為「譚廚」傳人。台灣法學界宿儒陳霆銳先生在《中華飲食》雜誌第四期（一九七四年七月）「談譚廚」一文內，發表了譚延闓先生哲嗣譚伯羽先生寫給他的信，講及他花了十天，從他先人之日記中搜集到有關「譚廚」的逸事，「譚廚」的源流方始大白。據伯羽先生云：「至言譚廚，則尚有胡少懷者，曾於行政院司庖，技亦不壞。聞曾從陳質平大使服役，後開曲園菜館於台北，早已作古矣。又曹健和為曹四之侄，曹九之子，曾侍宋子文先生，今（指一九七四年）主持華盛頓之北京樓，可算嫡系。……最後新到紐約之彭長貴，在台北頗負盛名，則湘廚後起之秀，可稱為譚派耳。」如此看來，「譚廚嫡系」與「譚派」是有分別的。

在伯羽先生文內有提與曹四之對話，問及因何菜式如是昂貴，曹四答以用料不同之故也。他舉椒子雞丁一菜為例：「一般做法只用子雞一隻，辣椒半斤，但他則用三隻子雞，只取其胸肉。辣椒要用數斤，只挑其鮮紅者，兩種作料俱切成大小相等之塊件，紅白相間。以豬油炒之。」昔日雞價高昂，一盤菜用雞三隻，又要從數斤辣椒中挑出半斤鮮紅者，可謂精矣。但現代家禽飼養科技日趨發達，雞已不足為貴，而且可以只買胸肉。至於紅椒，更不是問題，經過品種改良，幾近全美，何需精挑細選！想作料之

外，曹四之技巧和經驗，實為構成譚廚名菜辣子雞丁的主要因素，否則廚子只要用上好作料，便都能燒出好菜了。不至於那麼簡單吧！

左宗棠雞出自譚廚大概無疑問，書多有之。另外有人認為是左宗棠所創，似近穿鑿附會。左宗棠 (1812-1885) 係清末湘軍人物，生於湖南湘陰，與曾國藩協力消滅太平天國，更殄平捻黨、回部，進駐新疆。他曾任軍機大臣，陝甘總督，兩江總督，封恪靖侯，卒謚文襄。其年代應早於譚延闓。照王世楨編著之《談中國吃—(2)》內 (一九八五年十月，台北開朗出版社)，在「湖南人的吃」一章，有這麼一句話：「這位『譚廚』(大概是指曹四) 也是『左宗棠雞』的發明人，他用新手法爆炒雞塊，非常成功，於是『因仰慕吾鄉賢左公之勳業，謹以命名。』(見214頁)」這個說法聽來比較合理。然乎？又左宗棠雞是不是「新法」的辣子雞丁呢？

辣椒

先祖江孔殷太史與延闓先生為同科進士，譚文勤公在粵任官時，定與先祖有飲食的往還。延闓先生中年喪偶，先祖欲為之撮合與廣東才女洗玉清女士的婚事而不果。此事只從祖母口中得知而已。譚江兩家之庖廚，一湘一粵，俱曾在中菜史上大放異彩，「譚廚」之真傳，惟伯羽先生知之耳。

我為網上訪客介紹了「喜福居」的「左將軍雞」食譜．原文用英文，為方便香港讀者，蒙朱師傅允准，現翻譯如下：

左將軍雞

　　左將軍為中國湖南著名的將軍，據說一百年前他已調製了這一道辛辣而又冶味的菜。相信你也愛吃這菜，一如左將軍！

作料：

雞胸肉一塊，去皮出骨
泡油用植物油
乾紅辣椒2隻連籽 (或適量)

醃料：
醬油1湯匙
粟粉1茶匙

芡汁料：
白醋、醬油、紹酒各1湯匙
糖½茶匙
粟粉漿1茶匙

調味料：
葱白 1 棵切碎
薑茸½茶匙
蒜1粒，拍碎
麻油 1 茶匙

準備：

用刀背敲鬆雞肉，切方塊，約2厘米大小。依次加入醃料，留用。調勻所有芡汁料，留用。

做法：

泡油：

置鑊於旺火上約1分鐘，加入油2杯，燒至油溫達華氏350度，放下雞塊，泡油3至4分鐘至雞塊金黃。移出瀝油。留油2湯匙在鑊內。

炒法：

置鑊回火上，燒熱油，搪勻鑊內，加辣椒及籽，炒10至15秒鐘直至香氣散發。雞肉回鑊，加調味料，多炒30秒。加入芡汁，不停攪拌至汁稠。淋入麻油亮芡，供食。

注意：

1. 若照傳統做法，此菜應用全隻乾紅椒，分開兩半，連椒籽一同使用。如嫌過辣，可代以生辣椒，以2湯匙油炒20至30秒鐘至香氣散發色呈焦黃然後下雞肉。

2. 加入辣椒籽可使菜饌火辣。不加椒籽味較溫和。

(以上食譜譯自1996年加州Ink.Publication出版之Chef Chu's Distinctive Cuisine of China, 第70頁)

馬拉盞與XO醬

（原文寫作於1997年8月，2002年4月修訂）

相信香港人對「XO」這兩個字一點不陌生，喜歡喝法國拔蘭地酒的，無不知道「XO」是拔蘭地酒中的上品，就算不是酒客，姑勿論對烈酒有沒有興趣，也會被電視上的廣告疲勞轟炸，潛意識裏無形中存着一個觀念：「XO」就是名貴極品的代表，雖然「XO」本來只是「extraold」（特舊）的簡寫。

我不想在此談論拔蘭地酒，只想說一下近十年來在香港及海外日見流行的、一種叫做「XO醬」的桌上醬料。在筵席上，在一般餐桌上，甚或飲茶食點心時，一些高檔酒家都有「XO醬」奉客，至於哪一位廚師是始創人，或哪一家的「XO醬」纔是極品中之極品，眾說紛紜，莫衷一是。

XO醬

粵式食肆一向有「茶巾芥醬」的傳統，是賑單的一部分，這種在飯菜價錢以外的支出，是變相的附加費，甚或可說是向客人「打荷包」的手法，所以很多酒樓茶室欲廣招徠，時常以「茶巾芥醬全免」為號召。所謂芥醬，是用一隻方形的小瓷碟，中有分界，一邊盛芥辣，一邊盛橙紅色的甘竹辣椒醬，到後來有了外省的蒜茸辣椒醬，則另用小豉油碟盛之，現時更多了一小碟「XO醬」。

高級辣椒醬

「XO醬」究竟是甚麼？一言以蔽之，高級辣椒醬是

119

也。作料除一般的蒜茸、乾葱茸、蝦米茸、紅辣椒，還加上金華火腿粒和江珧柱絲，用多量的油把各種作料分別炒香，之後加入一些豆醬去和合這些鬆散的作料，加糖調味便成醬。「XO醬」可說是戲法人人會變，巧妙自有不同，各家各法，並無一定的分量，作料的配搭也因人而異，尤其所用的珧柱和火腿所佔的比例，可重可輕。和合用的豆醬，有人用整粒原豉，有人用普寧豆醬，更有人用四川豆瓣醬，不一而足。

香港李錦記早已推出自己牌子的「XO醬」，在美國舊金山，以出產桂林式辣椒醬著名的「羊城酒家」，也有本家的秘方，醬內有豆豉和菜脯粒，「翠亨村」衛志華師傅則加入蝦子，以湖南菜見稱的「喜福居」，不用火腿而代以湖南煙肉。其他酒家的「XO醬」都各有千秋，沒有定規。當然，珧柱火腿下得越多越是名貴，就香港半島酒店的「嘉麟樓」的「XO醬」來看，顏色特別淺，橙紅而非豉色，充滿着珧柱絲，紅椒是成隻的，一小瓶賣二百港元，比一般的行貨要貴十倍。

「XO醬」特色在乎冶味，加一點點已可使清淡的點心和麵食生色不少，炒菜用作調味品，有如神來之筆，風味頓增。甄文達在他的電視烹飪節目上，經常用李錦記的「XO醬」調味，大收宣傳之效。金山灣區的香港移民，無不識「XO醬」。

我試過很多種「XO醬」，無論是家製的，或是買來的，總覺得它的質地和風味，與東南亞的帶油馬拉盞十分相近，不同之處只在多了名貴的珧柱和火腿而且加了豆醬，其他的基本作料，根本完全相同。馬拉盞是東南亞主要的調味品，有分乾炒和油炒，可以送粥，下飯、拌麵、炒肉、炒菜無不適宜。每一個東南亞國家都有馬拉盞，稱謂各有不同，如Balachen, Balachaung等，中文有稱巴拉煎，峇拉煎都屬這一類。原始的馬拉盞來自馬來漁民，他們捕得小蝦後用鹽醃過壓出水分，攤開曬至快乾時，放在石春內搗爛成漿狀，再曬一次，再春一次便可收藏留用，要吃時拿出來與辣椒同春爛，用油炸過就是馬拉盞。際今時代不同，除了漁民，城市人都用蝦米代鮮蝦，甚或更有人直截用現成的蝦米粉，更為省事。

衛志華師傅

120

手舂機打如天淵

在香港時，我一位舊同學的泰國太太，很多時會送我她自己調製的乾炒馬拉盞，曾問及做法，她立即託人把一些比較難找的泰國作料，帶到中文大學來送給我，諸如紅指天椒和泰國酸柑、香茅、檸檬葉等等，我照着她的指示去做，結果還算滿意。她的是家傳秘方，蝦米和紅椒都是放在石舂內舂碎，我偷了一大步，改用電動高速攪打器，簡單得多。但我同學硬說不對，手舂和機打，等同天淵，我的捷徑實不足取。我自知理虧，不敢爭辯。同學不能一日無馬拉盞，早餐必定用牛油抹白麵包鋪上馬拉盞作三文治，數十年如一日。他太太燒得一手好泰國菜，水準定得高，在所難免了。事實上，機打與手舂的確是有分別的，機打蝦米，要不是大小不勻，便是成了蝦米粉，缺乏咬口，影響了馬拉盞的質感。

我曾在曼谷一家賣蝦米的店子買到乾炒馬拉盞，當時覺得十分滿意，及嘗過同學太太的正牌自製馬拉盞，方知家製與行貨的區別。最近我一位舊學生，熱衷自製「XO醬」，邀我合作，在烹製時依稀有同學太太的馬拉盞的影子，頓時興起，打消了弄「XO醬」的念頭，做起馬拉盞來。後來我再炒好一些珧柱絲和火腿粒，拌入馬拉盞內，再炒一下，便是我的「XO馬拉盞」，風味果然大增，若以多量的花生油炒勻豆醬，加入炒好的「XO馬拉盞」內就是我的「XO醬」了。

峇拉煎亦即馬拉盞

馬拉盞

　　馬拉盞作料的比例，悉隨人意，有人喜歡多蒜少葱，有人適得其反。大辣少辣更是個人口味，但因蝦米帶鹽，用鹽便需酌量，家中有石舂的，自然是舂爛蝦米最好，但用刀剁碎亦可以，再不然，用高能攪打機是最方便，注意攪打片時，要停機把蝦米拌勻方可再打才能均勻。

作料：

蝦米225克 (8安士)
蒜瓣115克 (4安士)
紅葱頭180克 (6安士)
紅指天椒12隻 (淨肉約1湯匙)
生油約1杯
青檸汁½杯
白糖2湯匙
南洋蝦膏1小匙 (隨意)

準備：

1. 蝦米洗淨，盛於大碗內，加水蓋面，浸至身軟，小心剔去蝦腸，淘淨細沙。

2. 將蝦米連浸汁放入易潔鑊內，中火煮至水分收乾。

3. 分三次將蝦米放入攪打機內，每打片刻便停機將蝦米拌勻再稍打成小粒，如無攪打機，可先切碎蝦米，置碗內以菜刀柄舂碎，留用。

4. 蒜瓣拍扁，繼剁碎成茸，紅葱頭去皮切小粒，如綠豆大小。

5. 紅椒去籽，切小粒。

6. 南洋蝦膏 (如用) 以水2茶匙浸軟，搗爛。

做法：

1. 置易潔鑊於中火上，下油¼杯，炒蒜茸至色微黃便立刻鏟出，留餘油在鑊，加入紅葱頭粒，不停鏟動，邊鏟邊多下油¼杯，炒至紅葱頭粒至色微黃便立刻鏟出，留餘油在鑊，加入蒜頭粒，不停鏟動，邊鏟邊多下油¼杯，炒至紅葱頭粒金黃時鏟出。

2. 加蝦米入鑊，不停鏟動至水份收乾，鏟時逐少加入餘下之油½杯，炒至蝦米香氣散發，但切勿燒焦，加入青檸汁及蝦膏，炒至水分全部被吸收為止。

3. 是時將炒好蒜茸、紅葱頭回鑊，加入紅椒與蝦米同炒勻，加糖試味，如覺太鹹可酌加白糖，移出裝入玻璃瓶內，伺涼後置冰箱內貯存。

變化 (一)

XO馬拉盞

作料：

馬拉盞一份 (見主譜)
碎珧柱100克 (約3安士)，浸軟撕碎
金華火腿125克 (4安士)，切小粒如綠豆大小。
油¼杯

做法：

置易潔鑊於中火上，下油先爆香珧柱至水分盡去，再加入
火腿粒同炒片時再加入整份馬拉盞便成XO馬拉盞。

變化 (二)

XO醬

作料：

XO馬拉盞一份 (見變化一)
普寧豆醬½杯
花生油½杯

做法：

1. 放普寧豆醬在疏箕內，以冷水沖去豆汁及鹽味，壓爛成
   茸。

2. 置易潔鑊於中火上，先加油¼杯，待油熱後改為中小
   火，下豆醬煮至起小泡，逐少加入餘油燒熱，再加整份
   XO馬拉盞同煮約10分鐘，便成XO醬。

從芙蓉雞片談起

（原文寫作於1980年，2002年3月修訂）

很多上了年紀的老人家，不斷緬懷過往的好日子，對現代的人與事，總是看不上眼，不肯接納現實加以適應，仍以舊日的標準去量度一切，實在苦得很。

舊的不一定勝新，新的也不一定不如舊。如果沒有選擇，新舊一視同仁，那便簡單得多。我自己就是固執的一類，在飲食及烹調上有很多成見不肯放棄，往往把新比舊，希望找出更滿意的答案。

現時仍有些老前輩食家，一味守着舊的，不管新的如何，只認為新的永不如舊，不去體察形勢，大唱反調，我覺得他們真是幸福。苦的是我們這半新不舊的一代，一旦發覺有更好的選擇時，根本沒有辦法走上回頭路。

就拿一個雞茸的做法為例，很多中國出版的食譜及文章內，都有非常深入的討論。但從現代的眼光去看，因為廚具的進步和作料供應的變遷，以前認為十分繁難的工序，現在已是輕而易舉，人人可做，而且比古法做得更好。

雞茸少見於粵菜，普通用以作羹如雞茸雪耳、雞茸瑤柱與及最大眾化的雞茸粟米。但在京、川、揚菜系中，有很多雞茸菜饌十分著名，諸如芙蓉雞片、芙蓉燕菜、雞豆花、雞粥魚肚等等，都屬高檔的筵席菜，如依古法，製作難度頗高，刀工尤其重要。

要做好雞茸，先要剔除雞裏肌的筋膜，在潔淨砧板上切細後用刀背剁爛成泥狀，放入大碗中，逐少加入冷雞湯，循一方向攪拌至雞湯與雞泥完全混合後方可再加，雞

雞茸粟米羹

125

肉與雞湯的比例約為5：1。之後還要加入雞蛋白，也是要逐個加入，攪拌均勻方能加入第二個，直至成為非常幼滑的雞茸為止，最後拌入澱粉及調味。

製好了雞茸，一片一片泡在嫩油內便成芙蓉雞片，其雪白如芙蓉花之清雅。雞茸散在清湯內便成似豆腐花的雞豆花。與發好魚肚同煮成羹叫做雞粥魚肚。雞茸又可作餡子，釀在小刺參內，也可與燕窩扒在一起。花樣之多，不勝枚舉。廣東人把雞茸拌入罐頭粟米湯內，是海外中菜館的「名湯」。雞茸用法，可細可粗，不一而足。

讓我們先從作料去看。很久以前，「雞」是上菜，不是家家能吃得起，「劏雞」是過時節的大事，而一隻雞只得兩條裏肌(雞柳)，其矜貴之處，可想而知。再要加入冷雞湯和其他珍貴配料，雞茸菜更見花費。但由於家禽飼養方法的進步，肉雞的供應大增，同時又有急凍貨的輸入，雞的身價大不如前，已是大眾的家常食料。或者用古法飼養的雞，在肉味及質感上都勝新法的，但消費者仍可按照個人的經濟能力去選料。還有，超級市場經常有一包包的雞裏肌出售，的確方便。至於冷雞湯當然是家製的好，但也可代以罐頭雞清湯。

作料是普遍了，繁難的工序也因烹調用具的進步而簡化。準備好了雞柳和雞湯，從冰箱中取出雞蛋便可着手打茸了。用一小塊廚紙，包住雞柳一頭的筋，用小刀一刮，整條筋便可拉出，粗切成丁，放進電動攪拌機內，加入雞湯，高速打兩分鐘便成肉糜，把蛋白一次過放進去，再攪打一會，加生粉及調味料打勻便成，前後手續不需十分鐘。

烹製雞茸羹時可以用一般爐火，更方便的可利用微波爐。去皮的雞肉其實是最合健康的作料，脂肪含量低而蛋白質高。多時我買一隻不大不小新鮮的雞，把雞胸起出後縫回雞皮，放入一鍋開水內浸熟，棄皮撕肉，拌個芥末雞條或怪味雞下飯，其餘的雞骨放回鍋內加些金華火腿煮湯，雞胸肉留作打雞茸及雞羹之用，時間及金錢，所費有限。下面的芙蓉雞片，手續本來十分麻煩，因為有了電動攪拌機打雞茸，及用雞湯在微波爐內做雞片，免去泡油，更覺清淡可口，大家不妨試做。

芙蓉雞片

作料：

淨雞胸肉180克 (6安士)
雞湯½杯
新鮮或急凍蠶豆1杯
金華火腿50克 (2安士)

芡汁料：
浸雞茸湯+水或雞湯共¾杯
油1湯匙
鹽、糖各少許
生粉1茶匙滿

調味料：
冷雞湯1杯
鹽¼茶匙 (或適量)
糖¼茶匙
麻油、紹酒各1茶匙
生粉2茶匙滿
胡椒粉少許
大雞蛋白3個

準備：

1. 雞胸肉去筋膜，切1厘米方丁，與雞湯同放進電動攪拌機內，高速打至雞肉成茸，繼續依次下其餘調味料一同打約2分鐘至雞茸幼滑為止。冷藏備用。

2. 蠶豆去皮。火腿切1厘米丁方薄片。

做法：

1. 3公升平底玻璃盤內加入雞湯½杯，大火加熱2分鐘，移出。

2. 以一湯匙盛滿雞茸，再用另一湯匙將雞茸輕輕推下平盤上成一厚片狀，如是推至雞片鋪滿平盤為止，注意雞片不應相連 (如圖)，用膠膜包緊，大火熱1分鐘至雞片變熟。

3. 小心鏟出已熟雞片裝盤。如是將其餘雞茸推下盤中加熱，約得24片。

4. 鏟出雞片後將盤底雞湯倒經密眼小箕，加水或雞湯共成¾杯，放入玻璃量杯內與其餘芡汁料同拌勻，下蠶豆及火腿片，大火熱2分鐘，中途攪拌一次。

5. 放雞片回盤，淋芡汁在面，番熱30秒，原盤或裝盤供食。

提示：

1. 以上菜譜是在功率輸出700瓦特之微波爐內進行。如用功率較高之微波爐，請調整加熱時間以免雞片煮得過熱。

2. 鹽的用量視乎雞湯的鹹淡和個人口味而定。

法國菜從傳統到
新派菜式的演變
故事。

法蘭西大菜的故事

（原文寫作於1979年，2002年4月修訂）

嘉芙蓮・美地齊

　　法國大菜之父是誰？言人人殊，而且可能並無其人。法國大菜之母卻是一位意大利女孩子。

　　中古的歐洲，人民渾渾噩噩，生活單調，衛生欠缺。飲食的最大問題是鮮肉的防腐，腐肉的掩臭。烹調方法不外火燒和水煮。進餐時用刀割肉，赤手抓食，每人座前放上一片厚麵包便當作碟子，吸收淋漓的肉汁，骨頭隨手扔在鋪滿小樹枝的地板上任狗搶吃。不論貧富，吃法雷同，貴宦之家只是多了幾道菜式，香料下得重些而已。

大菜之母　意國女兒

　　這種吃法在十五世紀的法國仍然如此，但十四世紀的文藝復興，早已引起了歐洲文明的全面大革命。新文明發源地是意大利的重鎮佛羅稜斯 (Florence)，當地公爵的女兒嘉芙蓮・美地齊 (Catherine of Medici, 1519-1589) 與法國王子訂婚後，訪問法國，驚於當地飲食的落後。出嫁時（一五三三年）這位十四歲的新娘便攜同名家設計的銀具、威尼斯的玻璃器皿、整車的香料和蔬菜，還有十六位大廚陪嫁。一五七四年，丈夫登極，成為亨利二世；她貴為皇后，提倡美食不遺餘力，更打破男女不同席的陋俗。法國的菠菜就是嘉芙蓮帶過去的，至今以菠菜為作料的法國菜式仍稱為「佛羅稜斯式 (a la Florentine)」。

131

御肉來了 官員肅立

　　路易十四世時（1638-1715年）法國飲食已到了窮奢極侈的地步，御廚裏有三百二十四名廚師，上菜時用兩名弓箭手開道，跟着的是司膳官，大菜坐着四名轎伕抬的轎子，從御廚浩浩蕩蕩，轉彎抹角，走到餐廳。在「御肉來了！」吆喝之下，沿途大小官員都肅然起立，脫帽鞠躬致敬。可惜廚房太遠，菜抬到「皇上」面前已經半冷，國王品嘗後要拿回廚房再熱，方讓陪客享用。半冷的菜不見得好吃，由此可見路易十四不能算是個美食家，他只以「大食」馳名。

　　路易十五卻是個如假包換的美食家，餐廳的樓下便是廚房，餐廳的地板是活動的，用膳時整桌熱騰騰的大菜，從樓下直接升上來。

　　路易十六在位時法國已民窮財盡，驚天動地的大革命爆發後，夫妻都上了斷頭台。路易十六死前還要大吃一頓——六塊肉排，一塊肥雞，兩杯白酒，一杯紅酒，做個飽鬼。

法國廚師　大眾偶像

　　法國大菜本來是皇室及貴族的禁臠，全國餐室寥寥可數。大革命後貴族紛紛逃命，廚師起初亦消聲匿跡，惟恐殃及池魚。大廚師鮑維野（Beauvilliers）卻假「共和餐廳——平等之堂」為名，推銷宮廷式大菜，居然生意興盛，賓至如雲。此後一百年內法國政治反覆無常，忽而共和，忽而帝制，官僚的性命輕如鴻毛，但法國大菜在動盪的社會中反而順利地脫離了貴族的卵翼，發揚光大，一日千里。廚師也成為大眾的偶像，自詡為文明的前驅了。

　　一代宗師卡廉（Marie-Antoine Careme，1784-1838），小餐室學徒出身，苦學成名。他做過法、英、俄三國皇帝的大廚師，善做大場面的酒席。他將百樣大菜堆砌起來，加上餅食做成的古希臘建築的背景，疊成五光十色的七寶樓台，可說是法國美食史上的「施素德美」（Cecil de Mille，以大場面製作馳名之荷里活大導演）。」他的排場，對後世幾乎絕無影響，但他晚年成書五大冊，評述大菜製法，至今有許多他的食譜，仍被沿用不衰。

卡廉

艾斯高飛

卡廉的接班人是艾斯高飛 (George August Escoffier 1846-1935)。他是鐵匠的兒子，入廚六十二年，譽滿天下，有「廚師之皇」之稱。他的《美食指南》(Le Guide Culinaire)」和《我的美食》(Ma Cuisine)」兩本書都是今日法國廚師的典範。他在倫敦夏蕙酒店 (Savoy Hotel) 掌廚時，把十道菜一餐的食法改為十二道左右，迎合食客的需求，同時力將法國大菜烹調方法化繁為簡。

珍禽老鼠　被搬上桌

一代梟雄拿破崙落敗後，法國王朝復辟，三十多年後年巴黎民變，國王出亡。拿破崙的侄子拿破崙三世先當選總統，四年後稱帝，好大喜功，在一八七〇年挑起了普法戰爭，但開仗兩個月便兵敗投降。法國又改制共和，誓與普魯士軍周旋。巴黎被普軍圍困凡三個月，動物園裏的珍禽異獸，一視同仁，都被屠夫祭刀；餐室菜單，光怪陸離，匪夷所思，市上老鼠一隻，售價金法郎一枚。美食家至今仍津津樂道：「為甚麼要吃老鼠？因為貓早被吃光了。」幸虧法國人懂得向貓先下手為強，讓老鼠稍為繁殖一下，若先吃老鼠，那末貓豈不更早就死清光了？

拿破崙

艾斯高飛說老鼠味如烤乳豬，馬肉若在適當氣氛下，味道亦頗不俗，這是經驗之談。當時這位一代宗師在法國萊茵河大軍司令部當伙頭軍統領，被普軍包圍時，他殺馬饗師，每日屠馬一千匹。

艾斯高飛去世不久，第二次世界大戰爆發，巴黎在德軍統治之下，遭受了更嚴重的慢性饑荒。那時有一個笑話：餐室掛出特餐菜牌，「兔子羹——保証一半是兔子。」有食客吃過覺得不是味道，去找廚師的晦氣。廚師一聲不響帶客人到廚房去，指着碩大無朋的湯釜上吊着的兩副骸骨說：「看罷，兔子一隻，老馬一匹，兔子不是剛佔全數的一半嗎？」

飲食指南　影響力大

筆者在巴黎時曾請一位法國美食家朋友介紹餐室，待翌年再去時好好吃一頓。他斷然拒絕說：「巴黎的餐室，新開張數星期內也許有好菜吃，但一經食評家品題，顧客

頓時增加，主人立刻漲價，廚師手忙腳亂，應接不暇，那有好菜可吃？再評之下，今天最好的餐室，明年也許關門了，若不，也貴得可以。」此君言論，可能過激一點，但在巴黎，同是一道清湯，價錢可以差上十倍八倍。嘴刁筆利的食評家，果然是捍衛法國美食的萬里長城。

法國美食品評，影響力最大的是米芝連輪胎公司的旅遊指南（Guide Michelin），每年出版一次：法國、德國、意大利、每國一本，英倫三島一本，西班牙、葡萄牙合一本，比利時、荷蘭、盧森堡合一本。每本品評幾千家大小餐室，味道以用星的數目為標準：

無星餐室，得獲提名，已非泛「飯」之輩；

一星餐室，是餐室中之上選；

兩星餐室，值得開車繞道光顧；

三星餐室，值得遠途跋涉，去品嘗天下罕有的奇味。

指南只有三、四十位品評員，他們都是美食家，經常四處行動，溫故嘗新。每餐室未得星之前品評員一定要試三次以上，而且每一次必然按價付值，不打草驚蛇，更不打秋風，所以評論公正，舉世推崇。

六十年代法國一家兩星餐室老闆兼廚師退休，兩個兒子頂上，做菜稍為馬虎了些，指南新版老實不客氣把餐室兩顆星都「摘」了下來，而且連名字也不提了，做父親的羞憤交煎，竟吞鎗自戕。在法國廚師的心目中，名譽不啻生命，也是財富。

巴黎美心　謎樣風波

一九七七年，法國食壇發生一件大事，巴黎最有名的、有一百八十年歷史的美心餐廳（與香港美心集團無關！）退出了米芝連指南。據老板説美心餐廳不但裝飾高雅，菜式超卓，招呼週到，而且排場瑰麗，更特設有樂隊，氣氛非常，是曠古以來得未曾有之美食勝地，因此要求米芝連公司另闢一格，使其唯我獨尊，睥睨天下。公司硬是不肯，但餐室已不甘再廁身於其他三星餐室之列，於

是索性要求退出米芝連指南冊云云。但有人説美心的三顆星，近年搖搖欲墜，老板為顧全體面，纔想出此「特級餐廳」的怪招，作為打退堂鼓的掩眼法。米芝連公司對此事守口如瓶，一聲不響。壺裏乾坤，外人無法探討也。

古典法菜　複雜昂貴

法國大菜雖經艾斯高飛簡化，仍然複雜非常，而且成本昂貴。烹調技巧首重「汁液 (sauce)」，用料不離牛油、奶油、乳酪和種種式式的酒。在有名的《樂如斯食譜百科全書》(Larouse Gastronomique) 內，汁液的種類不下二百二十八種，其中十分之一仍用卡廉大師的製法。

法國地不大而物博，牲畜走獸，飛鳥潛魚，甚至樹上的蝸牛都有獨特之處。最名貴的作料首推長在森林地下的麥蕈 (truffles 又名黑菌)；填鵝做成的鵝肝醬 (pate de foie gras) 和俄國運入的魚子醬 (caviar)。這三種珍品在卡廉時代已經盛行。在一八六七年，三位皇帝（普皇威廉第一，俄皇亞歷山大第二和他的兒子——後來的亞歷山大第三）同敍巴黎的英吉列餐廳，吃了一頓漂亮的大菜，但居然沒有點到鵝肝醬。後人認為美中不足，於是創造一道新菜叫做「三皇式鵝肝醬砵 (Terrine de foie gras trois empereurs)」。據稱是三皇當時「應該」吃的。其實大廚師做菜，每每用鵝肝醬伴碟以示名貴，可能當天三皇早已吃了不少了。

近年法國人生活緊湊，已難有「長夜之飲」的閑情逸致。況且大菜用得太多牛油、蛋黃、鵝肝等等飽含膽固醇的作料，多吃了不但身體笨重，行動蹣跚，更有招致心臟病之可能。法國大菜在國民健康的大前題，社會的壓力下，正在面臨有史以來最嚴重的考驗。她能否繼續過去光榮絢爛的傳統，還是會走上六千五百萬年前，尾大不掉的恐龍滅亡的覆轍，成為詩歌裏的幻景、傳説中的現實，考古家的對象？

艾斯高飛

美食先鋒　銳意創新

近來生物學家大都認為恐龍並沒有絕種，牠們的後裔，是天上翩翩的飛鳥。法國新美食 (Nouvelle Cuisine) 家也想依樣畫葫蘆，將肥膩濃重的大菜，蛻變成輕盈清麗的

營養食譜，脫離牛油、奶油和濃汁的羈絆，顯出食物的真、善、美。

著名的新美食先鋒有十多位，都是已臻化境的古典大菜名師，但他們不肯故步自封，而是虛心涉獵各國飲食的精華，互相切磋，以改革創新為己任。米芝連指南對新美食運動並無異議，獲得三星頭銜的新美食餐室也十家左右。另有一家據說主人是個霹靂火，跟品評員吵了大架，所以名落孫山，但餐室的名譽遍及全國，門庭若市，已是此時無「星」勝有「星」了。

舉世矚目的法國新大菜

（2004年4月修訂）

　　一個晚上，法國名廚戈拉德（Michel Guerard）的女友姬思婷在他耳邊低語：「你如果瘦一點，那就真好了！」

　　這不啻是個晴天霹靂。法國廚師早出晚歸，生涯艱苦，壓力重重，最方便的鎮神劑是自己的菜。日夜「服用」，吃得腹大便便，正好對人宣傳：「你們看，我也愛享受自己的作品！」

佳人一語　歷史改寫

　　苗條的姬思婷呢？她承繼了父親的一家小小溫泉旅店，位在法國南部的溫泉區，叫做「于莊尼的草坪」（Les Pres d'Eugenie，于莊尼是拿破侖三世的皇后，以苗條見著）。全店只有十三個房間，浸溫泉的顧客幾乎全是為減肥而來。假如老板娘的丈夫竟然是個大胖子，豈不是破了招牌麼？

　　話講回來，謎樣的姬思婷是否已芳心暗許？可能「萬事俱備，只欠東風。」一言驚醒夢中人，戈拉德顯然非減肥不可了。

　　歸根結底都是法國大菜不好，濃膩的汁液和肥滯的作料，多吃了身體笨重，行動不便。現代法國人怎能開小跑車，坐噴射機，冬天去瑞士滑雪，夏天在地中海游泳？姐兒們更要維持輕盈的體態，好穿上最新穎的時裝。

年僅廿五　初次獲獎

　　一九五八年戈拉德只不過是個二十五歲的小伙子，在一家旅店當點心廚子，忽然平地一聲雷，榮獲了四年一次的「法國最佳廚師獎」。到了一九六五年他纔自立門戶，在巴黎近郊工業區開了一間小小的「火鍋居」(Le Pot au Feu)，不屑抄襲古典食譜，自成一家，不久便拿到《米芝連導遊指南》(Michelin Guide) 的兩顆星星（「值得繞道去吃」）。食評員口頭講過，第一家擁有三星榮銜（「值得遠途跋涉去品嚐天下罕有的奇味」）的小餐室 (bistro)，看來非「火鍋居」莫屬了。但人算不如天算，新星尚未降臨，「火鍋居」卻慘被拆卸，化為高速公路，落得個片瓦無存。

　　未拆店之前，戈拉德已決心減肥，而且推己及人，設計了許多美味而不增肥的新菜，果然獲得美人的青睞。店拆後他和姬思婷結了婚，索性搬到小小的溫泉旅店去，取締餐室裏寡淡而無味的戒口菜，改用他新創的「曼修食譜」(Cuisine minceur，意譯是「苗條食譜」)。

始作俑者　另有其人

　　「新食譜」的起源，其實不止一端，戈拉德只是其中最著名的急先鋒。幾十年前法國里昂市的三星名廚范南鵬 (Fernand Point，1897-1955年) 早已鼓吹簡化大菜，減少肥膩，顯出作料的真味。可惜時機尚未成熟，而范南鵬本人又是個三百磅的大胖子，未能以身作則。但他循循善誘，桃李盈門，手下幾位高足，例如白駒氏 (Paul Bocuse)、屠華高兄弟 (Jean Troisgros，Pierre Troisgros)、雅倫雪飄 (Alain Chapel)、鄔替埃 (Louis Outhier) 都是名廚，從古典大菜名家變成新食壇的三星主將。白駒氏最先在一九六五年開始嘗試性的改革，飲食家都認他為新食譜的發起人。

揚棄牛油　不靠奶品

　　究竟新食譜是甚麼？有多少流派？

　　新食譜的目標在於從古典食譜的束縛下解放法國大菜，迎合近代的需要。雙目失明的美國美食會會長戴閣羅 (Roy Andries de Groot) 嚐了屠華高兄弟的新菜，大為激賞，認為深得新食譜的三昧，命之為「低高食譜」(Lowhigh cuisine，低熱量，高享受）。各新派廚師大都同意這是新食譜的使命，但嫌這名稱不夠響亮，用的似乎只有戴閣羅一個人。

白駒氏是始作俑者，但作風保守，患得患失，不算徹底。戈拉德的「曼修食譜」，不但揚棄牛油、奶油和麵粉，更採用無法消化的礦物油和代糖。拾他牙慧的更變本加厲，演出「戒口食譜」(Cusine Dietettique)。戈拉德在溫泉旅店除供給「曼修食譜」外，且推行他在「火鍋居」初期的看家本領，「老饕食譜」(Cuisine Gourmande)，雖用意不在減肥，但清新可口，不失為新食譜的主要支流。戈拉德說米芝連後來給他的三顆星，理由不在「曼修食譜」，卻在他的「老饕食譜」。

薑葱蒸魚　粵式作風

新食譜的革命大師，早期在白駒氏領導下，互相切磋，力求上進，一有新見，不肯敝帚自珍，必公諸同儕。但各人傲骨天生，不盲從，不抄襲，結果人人獨樹一幟，各有千秋，運用之妙，在乎本人的天才和創造力。偶有引用別人食譜時，必追本溯源，絕不掠人之美。

他們也虛心向外國尋求新的靈感。東方飲食繽紛絢爛，完全不靠奶品，而且富有藝術性，對新菜有莫大的影響，新派廚師都認為是他們的新大陸。巴黎三星名廚山岱仁 (Alain Senderens) 創辦了「淺嘗菜單」(Menu degustation)，以少量多款為號召，顯然受到中國和菜的影響。屠華高兄弟講明他們許多的新菜，靈感都來自中國。他們去過東京後，發明了法國式「也蓋蘇蓋」(Yakisuki a la Française，不是蘇蓋也蓋Sukiyaki)！法國南部名廚韋基 (Roger Verge) 指着自己焯出來的半熟青菜説：「我們的新食譜，説不定就是中國的老、老食製。」各新派餐室多數有日本式的魚生供應。白駒氏蒸魚，骨中微帶血絲，正是廣東傳統作風。戴閣羅本人有個湖南式酸辣魚湯。他還用薑、葱、芫荽、豉油去蒸石斑魚。

新式廚具　改變烹調

法國最新式的食品加工機「割善雅」(Cuisinart)」，與

古老的中國竹蒸籠，相映成趣。「割善雅」能在一瞬間把蔬菜打成茸，代替了古典大菜濃膩的汁液。蒸籠蒸熟的東西，不需用油下鍋，兩者在「新食譜」都不可或缺。但中國的鑊便不常見，想弧底的鑊不適宜放在平面的西式煮食爐上。

東方作料　融入新菜

中國的生薑、芫荽、雪豆、冬菇、茶葉及香料等都在新菜內佔一席位。脫脂奶做的杏仁豆腐和鮮果，代替了油重糖多的餐後甜點。果品與肉類和禽肉同煮，是新菜的一大特色。來自亞洲的果子有金橘、木瓜、芒果和菠蘿。原籍黃河流域的獼猴桃移植到新西蘭，改名為鷫鷞果 (kiwi fruit，港稱奇異果)。果子去皮後橫切成片，呈現綠色晶瑩的果肉，幾百粒小小黑色的果核，整齊地排成齒輪狀的小圈，不但美觀悅目，而且香滑鮮甜，與新菜幾乎形影不離。

上菜方式　煥然一新

新菜裏全部拋棄了以前古典法國大菜富麗堂皇、矯扭做作的裝飾，而改用特大的碟子，闊邊上有清雅圖案。廚師藝術地把燒好的菜排在碟中，錯落有致，有如日式料理。

名成利就　生財有道

新大菜名廚雖譽滿天下，但光靠雙手，收入有限。「煮」而優則商，何不將技能和名譽，變成大量生產的商品，換取一疊疊的鈔票？白駒氏一馬當先，成立了「法國大菜社」(La Grande Cuisine Francaise)，用自己的名字做商標，推售罐頭食品和紅、白葡萄酒。這些食品與新菜沒有直接關係。就算他的鉅著Paul Bocuse's French Cooking大部分也限於古典大菜的做法，使新派同行嘖嘖有煩言，說他如肯當真燒菜，可能是天下無雙，可惜現在他已太忙了。

紅式廚帽　錦上添花

贊助新菜的食評家首推高樂和米路 (Henri Gault and

Christian Milau) 兩人。他們合辦的《法國指南》(Guide de la France) 一向品評餐室,用黑色的廚師帽 (toque) 的數目做指標,相當於米芝連的星星。一九七七年起,他們向新派餐室改送紅色的廚師帽,以資識別,引起飲食界的大騷動。許多餐室都想弄頂紅帽子來風光一下。雖然新派大師的食譜傳遍全國,但「照辦煮碗」極不容易,況且大師們的燒菜技巧彈性極大,就地取材,隨機應變,不受食譜限制,充分發揮烹調藝術。戲法人人會變,但學其上者而不能活用,不免只得其中了。

新菜前景 未屬樂觀

當時法國社交討論題目,必涉有吃新菜的心得。但因新菜的噱頭層出不窮,社會也見怪不怪了。朋友見面輒問:「你猜我們昨夜吃新菜花了多少錢?」新菜的味道反而講不出來,只好回到以金錢為量度的標準了。

新派食譜固然如日中天,炙手可熱,但何去何從?與古典大菜抗衡,將有甚麼結果?

廿一世紀降臨,光吃十九世紀的法國大菜固然「滿肚皮不合時宜」,但過激的新菜,以標奇立異為主,硬生生地減去牛油、麵粉等日常作料,難免有矯枉過正之譏。竊以為新大菜應跟古典大菜合流,變成新的合乎營養的大菜。無論如何,經新菜大師介紹引用的東方飲食藝術,絕不會在法國食壇中消失。我們且拭目以待可也。

法國美食何去何從

寫作於2003年6月

法國大菜　面臨困境？

法國菜享譽遐邇。以食為天的中國人，嘗過後也會承認法國廚師果然有他們的一手。近半世紀法國美食更經歷了翻天覆地的變化，許多著名菜式的發明，色、香、味的配搭，背後的廚師的想像力，都令人嘆為觀止。

法國大菜是否正在面臨前所未有的危機？這問題當初只是少數人的心聲耳語，繼而出現了公開的談論，進而到食評家的大聲疾呼，衛道者更亮出「愛國」的一招。行家輩再也無法粉飾太平了。

究竟法國美食在那裏出現了問題？甚麼問題？有沒有解答？如何解答？筆者拼湊手頭資料，加上個人觀感，在此略作報導。

新菜衝勁　再衰三竭

一九六〇年代末期，法國好幾位烹飪新秀反叛濃郁肥膩、矯揉造作的大菜傳統，提倡創新、清鮮、衛生、顯出作料真味的新派食製。新派食製異軍突起，蔚然成家，與傳統大菜分庭抗禮三十年，但今天已經開到荼蘼，食客失去興趣，已有「復古」的傾向。在促進健康方面，科學家現在提倡的都是農家每日的菜，已有二千多年歷史的「地中海食製（Mediterranean cuisine）」，就是地中海沿海地區農

民多用欖油蔬果的常食，甚至「中國食製」，正是中國窮苦農民少肉多菜用植物油的常食。其實即使在新菜全盛時代，天天食用新菜的人恐怕不多，法國傳統大菜，若選擇得宜，偶然食用，也不見得危害健康罷。

世紀廚師　非盡法人

　　法國的高——米路飲食指南 (Gault-Millau Guide) 一向以擁護新派食製見稱。在一九九〇年，指南特別尊稱三位烹飪大師為「世紀廚師 (Chefs of the Century)」：法國的白駒氏Paul Bocuse) 和盧布松 (Joel Robuchon)，還有瑞士的芝或第 (Fredy Giradet)；他們都可以說是法國新派食製的代表，但也可以說都不是。

　　白駒氏是新派食製的先驅，但他做得不算徹底，而且自始至終，都認為自己的作品超然物外，不受別人口號的約束。但其他兩位又何嘗可以用別人的口號來約束呢？

　　盧布松說：「現在已沒有人用『新派食製』這字眼，因為這運動被人濫用了。但它對法國食壇有過發聾振聵的正面影響。」盧布松稱自己的菜做「真味食製 (Cuisine Actuelle)」；他最有名的傑作，神來之筆，是將新大菜認為致胖之尤：美國人愛吃的薯茸 (mashed potatos) 改頭換面，細選作料，精心炮製，登上大雅之堂。牛油一向是新派飲食的洪水猛獸，但這位大師用在薯茸的牛油竟然比美國薯茸多了好幾倍。

　　芝或第是新菜雙大師屠華高兄弟 (Jean Troisgros和 Pierre Troisgros) 的徒弟，但他說：「新派食製被人謬用，已失去了意義；(自命為新派廚師的人) 不懂基礎技術知識而烹調，強行結合互相矛盾的味道。」芝或第本人有田園詩人的風範，隨著家園蔬果的節令，意之所之，因時制宜，同一道菜，天天做法都略有不同。他稱自己的菜做「自發食製 (spontaneous cuisine)」。法國人並不介意這瑞士人獲得「世紀廚師」榮銜，也許因為他來自瑞士的法語區罷。但無論如何，法國美食的前途，顯然已不再完全操在法國人的手上了。

三星餐廳　竟要關門

在飲食聖地里昂西南的聖倚天 (St. Etienne) 市，名廚耿夜 (Pierre Gagnaire) 開設了用自己名字為名的餐廳。耿夜餐廳在一九九三年榮獲三星，但在一九九五年生意不前，竟爾關門大吉。當年整個法國三星餐廳只有二十間。

耿夜不怨天，不尤人，只歸咎於地理環境，說餐廳不在巴黎，而巴黎人卻已失去了下鄉的興致了。這只是原因的一部分；其實到三星餐廳一擲千金的食客已非法國尋常的受薪階級，而且往往是美國人。自從八零年代末期開始，美國經濟蕭條，影響全球，所有人都患得患失，要仔細量入為出，有閒情下鄉的豪客自然少了。

料理鐵人　盛極一時

「料理之鐵人」是日本極受歡迎的電視飲食擂台節目。節目有號稱「鐵人」的台主三位，分別專長日本料理 (最近的鐵人是森本正治)、中華美食 (由華僑川菜名廚陳建民之子陳建一主台) 和法國大菜 (鐵人是曾在法國習藝的「坂」井宏行 (Hiroyuki Sakai))，後來又加上意大利菜鐵人 (在意大利學師的神戶勝彥 (Makahiro Kobe))。挑戰者可以自己點定要找哪一位鐵人的麻煩，主客都用節目主持人指定的作料，打一小時為限的擂台，每一道菜都必須採用這作料。通常他們都不負眾望，在時限內做出四五道有創意的好菜。裁判有四位，每次不盡相同，有國會議員、體育健將、電影名星、術數專家和權威食評家。

不倒天才　國際作料

鐵人節目邀請丟了三星餐廳的耿夜，挑戰法國大菜鐵人「坂」井宏行，以歐洲龍蝦為題，而且特地把法國諾曼第地區一個近海古堡的大廳改裝成為烹調擂台，讓兩人大展拳腳，各顯神通。耿夜畢竟是三星名廚，寶刀未老，順利勝出。他賽後移師巴黎，重整旗鼓，開了一間東方色彩的餐廳，居然生意鼎盛，而且重拾了失去了的三顆米芝連星星。日本的「鐵人」電視迷到了巴黎，相信都躍躍欲試這位食壇不倒翁的廚藝。耿夜的作料來自全球；名菜之一是鴿子與朱古力的結合。他說：「人家說我在挖法國美食的墳墓，但法國美食吸收外國影響後只會變得更多采多姿

呢！」當然他多采多姿的作品要經過自己的天才配搭。

捍衛傳統　不容怪胎

一九九九年，權威的米芝連指南賞了一顆星給巴黎的中國餐廳陳氏東陽酒家（Chen-Soleil d'Est），引起不少嘖嘖煩言，說星星是國寶，豈容外流？我們從未去過這餐廳，但竊以為中國餐廳得了一星，確欠公平，但原因不在得星，而在得星太少；一萬年的中華飲食文化今日在法國的表現，加上受歡迎的程度，相信起碼值得兩顆星星罷。但法國人對東方飲食，仍缺深入的認識，米芝連指南的孤星，已是「零的突破」、可喜的開始。

在這事件發生前三年，四位三星法國超巨星廚師：盧布松、杜卡斯（Alain Ducasse）、盧華素（Bernard Loiseau）和白朗（Georges Blanc）已聯名發表了宣言，引用二十世紀食評家全諾斯基（Curnosky）的名言，呼籲人民捍衛「顯赫而有千年超越傳統的法國飲食」，不容在泰國香料或中國和加省烹調方式混「餚」之下，生產可怖的怪胎。他們矛頭所指是一群「禮失而求諸野」而肯向外國傳統虛心取經的法國廚師，和他們的融會食製（fusion cuisine）。耿夜和下面談及的韋拉（Marc Veyrat）都是他們批評的對象。

從前新派食製所標榜的東方作料和東方烹調方式，現在已由融會食製接班，融會食製包羅萬有，學習的對象已不限於東方。但法國大廚的千年輝煌傳統，其實有賴於五百年前與意大利食製的合璧。為甚麼今天與東方甚至全世界的食製融會一起竟然是離經叛道呢？究竟甚麼是傳統？到甚麼程度才變成怪胎？相信還未有明確的定義。四位衛道的大師也未免太小心眼了。

超級巨星　今是昨非

杜卡斯早已改變了自己過去的看法，不但不抗拒泰國香料或中國和加省烹調方式，而且鼎力支持外來作料的引用，和世界廚師的交流。他是今天最成功的全球超巨星廚師。杜卡斯在巴黎、蒙地卡羅、美國紐約的餐廳都強調當地飲食傳統，在法國有兩間專門烹製法國鄉土菜的餐室，他另外在東京、倫敦、巴黎、香港都有「匙羹飲食（Spoon

Food and Wine)」餐室，標榜全球性的融會食製。

衛道名廚　星光驟斂

　　署名衛道宣言的名廚之一是飲譽法國食壇多年的盧華素。他像瑞士的芝或第，也是新菜雙大師屠華高兄弟的徒弟，自一九九一年起已是米芝連三星廚師，曾獲法國總統頒贈最高榮譽勳章 (Legion of Honour)。據說九成的法國人都認得盧華素：他曾在電視上講評廚藝，印有他的肖像的預製即食產品遍見法國超級市場，他組織的公司股票在巴黎交易所上市。

　　二〇〇三年二月，盧華素的餐廳被高——米路法國指南 (Gault-Millau Guide de la France) 新版從十九分降為十七分 (滿分是二十分，以前從未頒過) 後，在餐廳旁的住家用獵槍自殺，死時五十二歲。他沒有等待更具權威性的米芝連指南新版的評價，但已無面目再活下去了。其實米芝連新版仍然給他三顆星星。他的妻子說他常常擔心法國飲食的前途，和自己的角色。也有人說他的餐廳久已沒有推出新菜，而且近年盧華素經常批評擁有兩家三星餐廳的韋拉，認後者的菜式為違反法國傳統的國際食製；但在同一本高——米路指南裏，韋拉的一間三星餐廳：漪日旦居 (Auberge de L'Eridans) 竟破天荒地獨佔鰲頭，取得前所未有的滿分。

豪華餐廳　蠅頭微利

　　巴黎的三星餐廳生意雖好，開銷也非常浩繁，每年利潤從前是收入的百分之十，近年竟下降到百分之二。主要原因是員工的薪金，和政府百分之十九點六的「增值稅 (VAT, Value Added Tax)。」比起上來，法國的麥當奴快餐店不但職工少，每位職工的薪金也低，而且只須繳付百分之五點五的稅。大致上來說，在二十世紀末年，巴黎的三星餐廳還能維持；許多一星、二星餐廳，開銷仍然可觀，即使在巴黎營業，近年來都苦於生意不前。

美國食客　裹足不飛

　　這經濟危機後來更加惡化：二〇〇一年九月十一日，

紐約世貿中心被恐怖份子劫機撞炸，美國人有好幾個月不敢坐飛機，所有法國三星餐廳都大受影響，其中大名鼎鼎的銀塔 (Tour d'Argent) 據說周轉不靈，本文截稿時似有出讓之意，有行家說，銀塔不愁賣不出去，因為買家「醒翁之意」可能根本不在銀塔餐廳本身的賠本生意，而正在餐廳擁有的二十萬瓶名釀。

固步自封　墨守成法

法國四十年前的大菜，雖然已接受過艾斯高飛的簡化，仍然有繁縟之處。雖一汁之微，也要化幾個鐘頭甚至幾天來製作。但現在時勢不同，這種作風徒貽食古不化之譏。有法國人說「法國大菜是博物館的菜。」這是恭維，同是也是責備。更有法國人說「到許多三星餐廳用膳有如參加主日彌撒。」今天食客已沒有朝聖式的虔誠禮拜心態，也不太講究吃的是否古法炮製的正宗；吃大菜的目的，歸根結底，是金錢換來的享受。

盧布松指出法國大菜的口感太過單調。他說「四五十年前的 (法國) 大菜是讓牙齒壞的人吃的。當我祖父的一代仍是青年的時候，他們有的是壞牙或甚至沒有牙齒。所以傳統法國食製有那末多軟滑食品，那末多碎茸，那末多煮得爛熟的肉類……，味道被掩蓋了，甚或破壞了，食客往往不知道吃的是甚麼東西。」他自己的菜，在口感方面的確比古式大菜優勝得多。

近年法國三星餐廳廚房做後勤準備工作的，很多是外國人，原來法國人認為薪酬太差，工作太煩難，而且絕無升遷機會，多數已不肯入行了。外國人，尤其是已讀過大學，見過世面的美國人，志在學技，不怕艱苦，也不嫌低薪；但許多都覺得工作手續太過繁瑣，可以大大簡化，取得同樣、甚至更加美滿的效果。但上司不容異議，墨守繩法，固然擔保了出品的質素，可能同時也關閉了進步創新的大門。

新盧布松　是美國人？

其他國家的天才廚師，不受法國傳統細詳的束縛，反而可以少年得志，很早便脫穎而出，一飛沖天。法國飲食評家普道夫斯基 (Gilles Pudowski) 宣佈，「新的盧布松是個

美國人！」他雖有嘩眾取寵之嫌，也道出近年法國食壇的徬徨困境，和美國廚子出人意表的進步。他指的是美國西岸加省楊脫鎮（Yountville）「法國洗衣店（The French Laundry）」的掌廚湯姆士·凱勒（Thomas Keller）。我們夫婦去過一次，覺得不錯，但略嫌名過其實。

我們比較更欣賞出身於「法國洗衣店」的司高（Ron Siegal）。他在三藩市的「查理士諾貝山（Charles Nob Hill，諾貝山是三藩市內的高尚住宅區）」餐室掌廚，獲得三藩市市長介紹，到日本電視節目「料理之鐵人」打擂台，挑戰法國菜鐵人「坂」井宏行，以龍蝦為題。那時司高才三十來歲。龍蝦看來是「坂」井的剋星，過去他以這作料敗在三星廚師耿夜手裏，這次他又輸了。西高少年得志，聲名大噪，後來又移師到了三藩市最有名的餐廳「瑪莎（Masa）」。我們去過「查理士諾貝山」，也去過他掌廚後的「瑪莎」，都十分滿意。有趣的是，他在日本大勝之後，對日本的作料，興趣非常，每年都回日本，溫故知新，並且將作料帶回美國，以饗食客。

問卷調查　食客無知

一次問卷調查，結果震驚了法國食壇：百分之三十六的法國人不懂美洋醬（mayonnaise）所用的作料（蛋黃而非全蛋），百分之十六不知道法國火鍋（pot de feu）用的是牛肉而非豬肉。竊以為這兩條問題好像不在調查食客的喜好，而像廚師入門的考試。

但下面這一條卻百步穿楊正中要害：百分之七十一竟然認為「牛扒加炸薯條」為他們最喜愛的菜。是否外國歪風，果然吹到？這道菜偶一嘗之，想也無傷大雅。其實牛扒未必不是法國傳統，據說法國最好的薯條是用馬油來炸的，而不是美國常用的牛膏和植物油，法國薯條蘸的也不是美國發明的番茄醬而是美洋醬。無論如何，我們仍可以說百分之二十九的法國人最喜愛的菜不是「牛扒加炸薯條。」話說回頭，衛道最力的盧華素自己最愛吃的菜式之一，原來正是牛扒。

無星食肆　生意興隆

「披星餐廳」正面臨嚴峻的考驗，甚至生死存亡的掙

扎；但叫做「必食途爐（bistro）」的小餐室，不接定位，不印餐單，把是日菜式寫上黑板，因而價錢公道，生意興隆，屢見食客在門口排隊。以前這種食肆專做鄉土菜，而且往往獨沽一味，但現在可說是五步一樓，十步一閣，百花齊放，目不暇給。不少小餐室的廚師從前是三星餐廳的副廚，不屑久居人下，決意單人匹馬，闖個名堂出來，也有三星餐廳開間這樣的小小分店，幫補幫補老舖的收入。看來法國飲食的將來命運、動向，控制在小餐室的基層。

根基深厚　寄望將來

法國飲食的未來當然難以臆測，但傳統根基既博且深，前途仍未可限量也。

法國的飲食有驕人的傳統，廚師有令人贊歎的天才，食評家公允中肯，鐵面無私。法國政府更認飲食為國寶，絕不會任它消失；雖然有食評家認為政府介入，只會愈幫愈忙，於事無補。法國作料得天獨厚，在天下一家的今日，這好像不是重要的問題。作料，在一天內可以空運到全世界的餐室。雖然如此，魚鮮顯然是當日的好；土生土長、即摘即煮的蔬菜往往也有特別、無可比擬的鮮美，法國的野味、家禽、肉類和菇菌都有獨特的風味，只有在法國本土，纔顯得更加出色。

雖然「披星餐廳」的全面復甦，很可能要靠美國人「飛來蜢」的捲土重來，但只要小餐室仍然讓百分之二十九的法國人有多采多姿的選擇，法國飲食是不會沒落的。

Spoon內部裝潢

用匙羹盛着的菜式

九星下凡

(2004年4月寫作)

　　星星是在天上的；在黑夜寂靜的長空，向塵世眨眼微笑，帶給凡人安寧和希望。

　　星星降落在人間，往往變得俗不可耐，大凡熠熠生輝的人物都稱做「星」，政星、影星、歌星、球星……法國米芝連旅遊飲食指南又有廚星，獲得最高榮譽的餐室獎它三顆星，值得食客「專程而去」，一嘗珍味。

　　年輕時候我們做過不少「長途跋涉」的傻事，得到很多難忘的口味回憶。近年這些三星大廚師紛紛在法國以外開分店，簡直是移艌就船，在倫敦、紐約、東京、甚至毛里裘斯先後有標籤三星廚師開設的餐室。兩年前在澳門有世紀廚師盧布松 (Robuchon) 的餐室，去年底在香港洲際酒店又有「九星名廚」亞倫杜卡斯 (Alain Ducasse) 的三線餐室「匙羹 (Spoon)」，香港人口福真不淺！

　　以亞倫杜卡斯為名的餐室，在紐約已有多年的歷史，起初美國人簡直瘋狂了，訂位排期三個月以上，那時是好評如潮的。但大廚不駐店，手下未必能保証出品能達到三星餐室的標準，而且以「名」為招徠而不務實，食評家漸而不太客氣，零一年Geal Greene在《時代雜誌》(Time) 上把這間餐室評得狗血淋頭，我讀了印象極其深刻。零三年九月，杜卡斯在紐約以他在巴黎的「匙羹」餐室為藍本，開設了一家結合法國小餐室 (bistro) 和美國式的公路旁小食店

(diner) 的風格，標榜fusion菜，叫Mix的餐室，是他的第十九間餐室。美國流通量最廣的飲食雜誌《美食家》(Gourmet) 今年也不客氣地向他開砲了。連在法國食壇上數一數二的美國飲食作家Patricia Wells，在她的專欄內評巴黎的「匙羹」時，她也沒有說甚麼好話。香港的「匙羹」在多位食評家的筆下，語氣雖然較為溫和，但未見贊許。《信報》駐巴黎的專欄作家高潔，寫了「九星名廚鼎鼐太多」一文，說到法國人對杜卡斯也嘖嘖微言了。

六道前菜

既然如是，這次杜卡斯自開業後首次回到香港巡視店務，有特別「性感匙羹 (Sexy Spoon Dinner)」大餐供應，那我為甚麼還明知故犯要去試？無他，好奇而已。

龍蝦沙律、蒸鴨肝和羊肚菌蒸蛋

開胃前菜有六道，全放在一個方盤上，非常擠迫，三小杯湯盛在高身小玻璃杯內，擺在右邊排成一行，高高地築成一堵圍牆，阻礙右手拿刀叉，很不方便。牛肉清湯薑味極重，青豆茸湯平平，薯茸黑菌湯沒有黑菌味。另外有兩道熱菜，羊肚菌忌廉燉蛋，一大堆小小的羊肚菌，混在忌廉燉雞蛋內，賣相欠佳但味道不錯。蒸鴨肝是當晚最出色的，比一般的煎肝嫩滑得多。冷的龍蝦沙律韌若柴皮，可謂劣極。我們被迫一口氣「趕」着吃六道前菜，侍役還在後面急於收盤子，真豈有此理！這是九星餐室而不是大排檔啊呀！

燜牛臉肉

繼着是先焗後煮 (roasted and poached) 的法國地中海鱸魚，焗了再煮，質感變得霉了，沒有鮮味，墊在碟底有綠白兩色露筍，白的很老，纖維多至咬不動，是一道不能登大雅之堂的下品。主菜的兩片牛臉肉是盛在一個摩洛哥式的瓦盤內，伴着幾片甘筍，肉味很淡，雖然牛臉肉是不易煮得好，但我們吃到的一點不出色。

焗煮爐魚

除此以外，還有乳酪、雪葩和甜品。奇怪的是，我們一行九人，最先贈送的小食只得八份，追問原因，說是等我們吃光了再添，免得礙地方。但最後的小餅點 (petit feur)，也是只有八塊。那裏來的氣派？也未免太小看香港人了。

羊肚菌燴豆腐

　　以前要買羊肚菌很困難，我多半從歐洲帶回美國，由美國帶回香港，所以這種珍菌，一直沒有在我的食譜內出現。近年雲南野生菌類開始在香港流行，高檔超市或國產百貨公司都有出售。剛嘗過九星大廚的羊肚菌忌廉燉雞蛋，一時興起，燒了一道簡單的羊肚菌燴豆腐，易做味美，也不太貴，只是羊肚菌帶泥沙，要小心清洗為要。

　　羊肚菌可算是矜貴的野生食用菌，春夏之交的雨後，長在闊葉林及混交林內地上，分佈於世界各地，在中國以長於雲南的為最著名。菌蓋長而近圓錐狀表面有許多小坑，形似羊肚，故得名。新鮮的羊肚菌味道鮮美，質感近乎木質而不脆，清炒、煮湯，上粉炸脆是中菜的流行做法。但乾菌的香味比鮮的較濃郁，最宜作肉類、禽肉類甚或海鮮菜式的汁液。

　　因為剛吃過亞倫杜卡斯的羊肚菌蒸蛋，便在此介紹一道中式羊肚菌菜饌。

羊肚菌

作料：
乾羊肚菌　30克
布包豆腐3塊或軟豆腐1盒
鹽　½茶匙
麻油　1茶匙

煨豆腐料：
油　2湯匙
蒜　2瓣拍扁
紹酒　2茶匙

第一次浸菌汁　約½杯
第二次浸菌汁　¼杯
頂生抽　2湯匙
糖　½茶匙
胡椒粉　少許

芡汁料：
生粉　1茶匙滿＋水1湯匙

準備：

1. 羊肚菌用水先沖一次，置於大碗內，加溫水浸過面。

2. 擱置1小時後，羊肚菌發漲至原大，每隻剪去菌柄，另放。小心潷出浸菌水留用，此是第一過菌汁，香濃無比，是精華所在。沖淨碗底泥沙。

3. 從底至頂逐隻剪開羊肚菌約1公分，在自來水下先緩緩沖淨裏面，繼沖淨外面，直至沙泥除去為止，放回碗內，加水過面再浸30分鐘。

4. 以餐匙或筷箸攪打使泥沙盡去，撈出羊肚菌，留浸菌水，此是第二過菌汁，仍有鮮味。

5. 布包豆腐每塊切為10件，小心排在盤上，薄撒些鹽在面上讓水分流去。

羊肚菌燴豆腐

煨法：

1. 將先後留出之浸菌水同放在碗內。

2. 置中式易潔鑊於中大火上，鑊紅時下油爆香蒜塊，放下羊肚菌炒勻，濽酒，加入浸菌汁和其餘煨菌料，煮菌約5分鐘。

3. 是時用廚紙吸乾豆腐的水分，輕輕放入煨汁內，煮至汁液燒滾並稍收乾，試味。

4. 調勻芡汁，撥空鑊之中央，徐徐吊下芡汁至稠，鏟勻，加麻油亮芡，原鑊倒在深碟上供食。

六星拱照

（2004年2月寫作）

盧布松

威士特文

專訪盧布松

　　法國三星廚師盧布松Joel Robuchon譽滿全球，被尊為世界最偉大的廚師，名氣可説是「如雷貫耳」。我從一九八四年起，多次在巴黎都沒有機會一試他的名菜，引為憾事。到了最近，澳門葡京酒店內，他旗下的盧布松餐室 (Robuchon a Galera) 通知我們，説今年二月盧布松本人將親臨獻藝，與他同行的還有他的一位好朋友、來自法國東北亞爾薩斯省的三星廚師威士特文 (Antoine Westermann)，豈不是六星輝耀濠江了。我們即時訂好了位子，約了曾在法國攻讀烹飪和品酒技術的郭偉信同行，《飲食男女》總編輯馬美慶便安排了我們向兩位名廚作一次專訪。

　　我對盧布松的烹調藝術，心儀已久，他的三本英文食譜，百讀不倦，令人佩服得五體投地。我和他見面時，第一句便對他説：「我太高興了，我足足等了二十年，今天纔有機會見到你和品嘗你的美食！」對威士特文我則致歉，説自己居住德國的時候，和他的餐室相距只有區區一小時的車程，竟未能識荊，實在可惜。於是話匣子順利地打開了。我對法文一竅不通，略懂餐單上幾個單字，而盧布松亦謙稱自己缺乏語言天才，只用法語，他得過法國農業部頒授的勳章 (Order of Agricultural Merit)，發覺偉信襟上也別了同一的勳章，更是一見如故。訪問乃由偉信大

部分用法語進行，我和威士特文則用英語對話。

兩位名廚都很健談，表情生動而且毫無架子，往往我們問一句，他們便滔滔不絕，指手畫腳，談個不休。有時連我們「未問」的問題都預先回答了，訪問很快便變為友誼性的閒談，無系統可言，但內容豐富。這篇報道與其用答問的枯燥方式，倒不如輕鬆地寫下當天的心得。

進軍澳門的原因

盧布松進軍澳門，不覺已有三年，我們雖然都常在香港，想是和他沒有緣，每次他到澳門視察店務兼親自下廚時，我就是碰不上。心中一直有個疑問，香港人平均來說，接觸法國菜的機會較多，食客有較高的欣賞能力，他的愛徒Alain Verceroli就曾在香港香格里拉酒店的Petrus餐室主廚，香港人對他和他的菜式多少也有點認識，怎麼他會選上澳門這塊小地方來開店？他說這間餐室的客人，其實大部分都來自香港，本地客人只佔十分之一，每次他來澳門，都吸引很多來自香港的捧場客，說着他從口袋中掏出一大疊名片，找出鍾楚紅的名片給我們看，說他每次來，鍾女士也一定來的。在澳門或在香港開店，還不是一樣！

訪問兩位名廚

自從八零年代，法國新菜冒起，很多廚子都採用了中菜的蒸法和炒法。盧布松本人是現時法國傳統烹調藝術衛道最力之大師，他很坦白說本人對葡菜和中菜都認識不深，燒出來的菜，很法國化，重點在表達法國作料的特質和他自己，他只是盡量把法國美食帶到餐桌上罷了。盧布松說自己沒有當真研究中國菜，但知道中國菜強調質感 (texture)，而他比較注重菜饌的味道 (flavour)。果然後來我們嘗了很多軟滑如綿的菜式，可說菜式之間的質感對比，含蓄而不若中菜鮮明。

名廚惺惺相惜

盧布松和威士文，雖同是三星廚師，他們兩人都有不同的背景，走不同的道路，卻非常合拍，絕不同行相輕。我們很想知道他們這次怎麼會一起到澳的。盧布松說：我們本來就是好朋友，他最喜歡旅行，放眼四海，廣攬經

驗，開拓視野，所以便和我一起來了。說這話的時候，他們兩人四目相投，惺惺相惜之情，溢於言表。

我們便轉過來問威士特文，說我們知道田雞是阿爾薩斯的特產，而他的拿手菜正是煎田雞，我們廣東人也喜吃田雞，做法多樣，可作家常，亦可作筵席大菜，問他可曾嘗過？他聞言眉飛色舞，多謝我們指點，說可惜還未有一嘗的機會哩！

威士特文的背景十分特殊；出身在火車站的小餐室，沒有受過正統的廚藝訓練，也沒有跟過名師學技，而自學成功，得以躋身三星廚師之列，過程一定非比尋常，我們十分希望聽聽他的經驗。他說他二十七歲的兒子也是個廚師，擇業的時候他教兒子要選自己喜歡做的事，多去旅遊，多見識，多閱讀，多學習，汲取不同的經驗，他知道中菜和法菜有很多不同的地方，因為地域條件的不同，所以菜式的組成也各異，能有不同的經驗是十分寶貴的。盧布松說雖然我們的飲食文化不同，操不同的語言，但一說到飲食便自然沒有隔膜，溝通無阻了。威士特文乾脆說「飲食是世界語言。」我們這樣暢談，倒也不知時間飛過。

嘆為觀止的美食

下午三時餐室有個酒會，接待從香港來的Dom Perignon香檳酒贊助商，眾多小食中，竟然讓我遇上曾在食譜上見到、念念不忘的一道魚子醬啫喱凍配椰菜花忌廉，盛在一迷你小杯內，表面看來只見幼滑的椰菜花忌廉，殊不知內裏大有乾坤，杯底盛了魚子醬，加上一層用牛腳熬成的啫喱，再加椰菜花忌廉，面上沿邊綴上小點小點的葉綠素。這四樣東西，都大費周章，工序之精、之繁，盡顯盧布松心思之細，技巧之工，而味道由淡而濃，一層一層，在一小口內全都嘗到了，真是嘆為觀止！

還有一道小食是啫喱雞湯，也是以層次為主，小小的「力嬌」杯內，底層是鴨肝粒，中間是濃極的雞湯啫喱，上面是滑不留口的蛋白糜，每層都有獨特的韻味，口感勝在嫩滑、細膩、精緻，深邃得無法化解，忒是大師之作。

當晚的黑菌大餐是個了不起的盛會，已經是第三晚的

全堂滿座，聽説客人都來自香港，可見盧布松之言不誤。餐室本來就是三星級的格調，無論在裝潢、餐具、酒具和桌面設計都臻上乘，欠的只是外景。

我們一行十二人，包括兩位學生和家人，馬美慶、外子、郭偉信和我，好不熱鬧。我冀盼已二十年，心中帶着很高的期望。當晚的餐單包括兩道有黑菌的趣味前菜，其餘七道菜或以黑菌為主要作料，或作配料，都不離黑菌。

黑菌的盛會

第一道趣味小食有三個迷你小雪糕筒，只得三公分高，插在一個塞滿了黑白芝麻的玻璃盛器中。雪糕筒釀了用黑菌茸、牛油和日本萬字醬油拌和的餡子，每個雪糕筒插上四枝如火柴大小的黑菌條，條之末端蹲了一小粒海鹽花，在燈光下跳躍閃耀。很別緻，有點fusion的味道，令人口味有新的接觸，雖然我嫌略鹹了些。這點點東方的氣息，引証了盧布松所説他自己也喜歡多元化的菜式，摻入了不同國家風味的融匯菜 (fusion cuisine)，偶然吃一次也無妨的。但歸根結底，他認為法國大菜的核心，是牢牢地建立在它的優質物料和傳統的基本烹調方法上，是不會湮沒的；像現今流行的新潮音樂，也是要具有古典音樂的根基。

第二道小食是個藏了黑菌茸和芹菜茸、用蛋白做的浮島 (flottante)，配以芹菜奶油汁，綴以炸小麵包粒，浮島上插一片炸芹菜根，頂上沾一條紅椒粉的邊，是威士特文的作品，他擅長將濃膩的亞爾薩斯鄉土菜淡化，看來簡單，啖來清新。這兩道小食配上了Dom Perignon Vintage 1995香檳酒。

繼續的菜式以配黑菌所用作料分列，計有：

1.大蒜——鮮帶子大蒜啫喱凍糕，配以芫荽茸和黑菌醋汁，手法比較傳統，大蒜很脆，帶子鮮甜，分別排在凍糕內，外綑大蒜條成一2公分厚方塊，足有半隻手掌大，結構自然而不雕琢，是整晚菜式中最清淡的，也是威士特文的傑作。

2.黑菌——黑菌撻是盧布松的名菜，工序極為細緻，

黑菌筒

黑菌浮島

鮮帶子大蒜啫喱凍

157

黑菌撻

鵝肝湯杯

煎田雞腿

由兩片飛蘆麵皮 (phyllo) 做成的酥皮墊底,蓋上用煙肉、洋葱、和碎黑菌同煮的餡子,另在掃了鵝油的圓形蠟紙上把薄薄的廿片黑菌從中央向外排放成一朵花,鋪在餡料上,再蓋上鵝油蠟紙,入爐烤焗片時移出,撕去鵝油紙,轉到碟上,每片黑菌上疏落地撒下海鹽和胡椒上桌。鵝油滋潤了黑菌,改良了黑菌木質的口感,可能是我太小器,常抱少食多滋味的迂腐之見,面對珍若鑽石的黑菌,這麼一大疊堆來,覺得實在「太多 (To much of a good thing)」了!盧布松一向着重用最新鮮而又合乎時令的作料,但澳門離法國好幾千里,他怎樣看本地的作料呢?他說中國不錯有很新鮮的農產品和海產,但因為土壤、氣候、時令和生長環境不同,素質與法國產品並不一樣,不能完全代用。例如黑菌最能代表時令和地域的特色;中國也產黑菌,價格便宜得多,但質感和香氣都不相同,不宜以此代彼。不少廚子偷天換日,浸以法國的黑菌汁,噴以黑菌精,掃以黑菌油去充場,但只是有形無實,完全是另一樣東西。所以他仍然主張在燒他的法國菜時,一切作料都要從法國運來。我們在這頓黑菌大餐中,體會了他的說法。

3.鵝肝——這是一杯別開生面的湯菜,茶杯底盛了鵝肝粒和黑菌茸,上面有薄薄一層凝結了的脂肪,上桌時侍者從銀壺中倒下滾熱的黑菌清湯,薄皮即時融化消失,食客要拿起杯旁的一條小掃來打勻,這簡直就像日本茶道用掃來攪茶一樣。但小掃是用幼藤紮着數枝經過煙薰的迷迭香草而成的,聽說煙薰味可以把鵝肝和黑菌的味道調得更和諧。這小杯湯,十分甘腴濃膩。茶杯是放在一個方盤上,鋪陳很有日本懷石宴的韻味,有松果、松針、有小石頭,想是盧布松在日本教烹飪時所受的影響。

4.田雞——法國亞爾薩斯所產的田雞,以細嫩鮮美見稱,而威士特文的專長,正是煎田雞腿。他的風格比較開放,沒有盧布松拘謹,碟之中央有德式麵皮,中釀炒香洋葱絲和黑菌茸,上蓋幾片黑菌,恰如其分,嬌小的田雞腿則分置在碟上,加一個黑菌味的泡沫奶油夾,田雞腿肉很幼嫩,微帶香草味,味道和火候都控制得宜,正是將遇良「材」。美中不足的是上菜次序是緊跟在黑菌撻之後,釀餡相似之處很顯然,我們說一山不能藏二虎,難道就是這個道理?

5.牛肉——這道算是主菜，臘乾牛肉燜脸後拆絲，盛在闊口玻璃杯內，墊底的是摻了黑菌茸、遐邇馳名的盧布松香滑薯茸，上面有一層黑菌醬，再放上牛肉，加入用忌廉和黑菌末打成似cappucino的忌廉泡沫汁，味道複雜，層次有序。直到目前為止，在任何地方，無論大小餐室，沒有一個廚子能抄襲盧布松的薯茸；因為他的馬鈴薯是他精心挑選，特地由一家農莊專為他而種植的ratte種、黃色滑皮小馬鈴薯，只此一種，實無法以其他品種代替，一再引証他的作料定要從法國運來之說。

6.乳酪——一塊約四公分白色欖形的鮮乳酪，拌了些鹽和黑菌茸，欖面上淋了一行一行的楓樹糖，鹹、甜、香、甘，盡在其中。

7.雞蛋——雞蛋殼切去頂上一部分，倒出蛋液，與忌廉黑菌茸一起打勻成雪糕，釀回殼內，上面疏落地架幾絲黑菌，盛在菜盤上，盤之一角有枝酥皮小棍，是用來拌雪糕的。這道菜配Dom Perignon OEnotheque Vintage 1988。

8.甜品——盛在杯內有芒果、士多比利的水果忌廉，上蓋一片脆糖，中央插一枝小棍，棍上捲着一圈一圈的脆糖。到此我們已飽得不能動彈了。

9.咖啡和小餅點——小餅點很精緻，咖啡十分芳香。

接着兩位大師和副手，魚貫出來和每檯客人握手拍照，一時鎂光燈四閃，在熱鬧中，客人盡歡而散。

臘牛肉

乳酪

聆聽大師一席話　勝入庵廚煮十年

或有人問我，這算不算是一頓完美的大餐？我只是個普通食客，不是食評家，而且還是中國人，對法國大菜的認識十分皮毛，如果個別選一道菜來看，每一道都是精心的創作，有它的味道、口感和獨特風格。若要挑剔，那是在豆腐裏揀骨頭，有欠公允。在整體上，菜單的配搭在我們東方人眼裏，大部分的菜式都很軟嫩，有十分細膩的奶油汁液，雖然內容深厚豐富，但口感不如中菜的涇渭分明。況且當晚每一道菜都要按章用黑菌，局限了廚師，不能充分發揮他們的專長。至於完美與否，正像盧布松說，完美的飯餐 (perfect meal) 根本上並不存在，沒有話可以說

出當時的一瞬，包含了多少情感，多少朋友間的交通，在良好的氣氛下，那怕只是幾份三文治，一大盤的新鮮沙律，都覺美味非凡，實不必刻意去追求極限。

我們一行人先後從香港來，喜聚一堂，共享一個晚上難得的美食，言笑晏晏，在友情裏，在歡愉中，已達完美的境界，說甚麼已是多餘。尤其是我，得償二十年宿願，還能聽到兩位大師的教誨，實在獲益不淺。其實能膺三星榮銜的廚師，都各有板斧，舞之不盡，何止程咬金的「三十六」道？我希望下次若再有緣，能一試他的「淺嘗套餐 (Menu Degustation)」便更好了。

今後我更會銘記他們的金石良言，像威士特文說，烹調要掏出真我 (Be yourself and do what you like)，也像盧布松說，學習廚藝要用 l' ame (英文作 soul)，如果你不交出全副心靈，你燒出來的菜會很直截了當的告訴你。他用這個 soul 字，真難解，更難譯，意謂要真心意誠地、全神貫注、一絲不懈地從心底深處出發。大師們的一席話可謂語重心長，是不是很深奧呢？願與本書的讀者共勉。